U0187380

图解日本历史街区

传统民居保存与街区营造探索

[日] 吉田桂二 著 欧小林 译

清华大学出版社
北京

北京市版权局著作权合同登记号　图字：01-2016-6943

Japanese title: Nihon no Machinami Tankyuu
　　　　　　　 /Dentou · Hozon to Machizukuri
　by Keiji Yoshida
Copyright©1988 by Keiji Yoshida
Original Japanese edition published
　by SHOKOKUSHA Publishing Co., Ltd., Tokyo, Japan

图书在版编目（CIP）数据

图解日本历史街区：传统民居保存与街区营造探索 /（日）吉田桂二著；欧小林译. —北京：
清华大学出版社，2020.10
　ISBN 978-7-302-55921-4

　Ⅰ. ①图… Ⅱ. ①吉… ②欧… Ⅲ. ①民居－日本－图解②城市道路－日本－图解 Ⅳ.
①TU241.5-64②K931.3-64

中国版本图书馆CIP数据核字（2020）第117786号

责任编辑：冯　乐
装帧设计：谢晓翠
责任校对：王荣静
责任印制：杨　艳

出版发行：清华大学出版社
　　　　　网　　址：http://www.tup.com.cn,　　http://www.wqbook.com
　　　　　地　　址：北京清华大学学研大厦A座　　邮　编：100084
　　　　　社总机：010-62770175　　　　　　　　 邮　购：010-62786544
　　　　　投稿与读者服务：010-62776969, c-service@tup.tsinghua.edu.cn
　　　　　质量反馈：010-62772015, zhiliang@tup.tsinghua.edu.cn
印装者：三河市春园印刷有限公司
经　销：全国新华书店
开　本：200mm×285mm　　　印　张：8.25　　　　字　数：325千字
版　次：2020年10月第1版　　印　次：2020年10月第1次印刷
定　价：89.00元

产品编号：063880-01

| 前言 |

在设计木构住宅的过程中，我不禁对民居产生了兴趣，因为这些民居是我们住宅最直接的"祖先"。正因如此，我开始马不停蹄地搜寻民居。然而，所到之处所见之物，固然有保存状态完好的，但大多数都已破败不堪。而且，很多时候，当我再次拜访时，许多民居已经消失不见。

出于对民居的爱惜，我不由得开始思考，是不是有什么方法可以让民居保留下来。与此同时，也自然而然地将自己的关心扩展到民居聚集的街区的保护上。

就这样，我开始投入街区保护运动之中。在实践的现场我逐渐明白，单纯的保存是不够的，必须将保护工作置于长远的街区建设中并行思考。

在这当中我逐渐认清，保护与创造并不是对立的，而是连续的概念。于此我第一次抓住了"自己设计的东西"与"必须加以保护的东西"之间的连接点。

以上是我大约20年以来的一系列经历。在这个过程中，我走访了大量的民居和街道，也因此写了几本关于民居和街区的书。本书亦是如此，是这些经历的结果。

人一旦形成一种习惯，就很难回到从前。旅行成为我的日常活动，一直持续到了现在。然而回首过去，我发现，旅行的内涵也有了变化。

刚开始的时候，拜访民居和街区的旅行，可以说是去探寻未知的事物。说起来有点奇怪，那确实是纯粹的旅行：既有去往一个陌生地方的期待和兴奋，也有作为局外人的"轻松"与能观察身外之物的"客观性"交织在一起。或许，旅途见闻的乐趣就在于此。

但这种旅行状态好像不能无限地持续下去。因为，同一个地方一旦去过几次，了解了当地的风土人情，认识了当地的居民后，就会不由得把他们的烦恼当作是自己的烦恼。如果曾经拜访过的民居遭到了破坏，就感觉如同毁了自己家一样。当旅行的内涵变成这样的时候，从乐趣角度来看，或许已经不是旅行了。因为会更加深入，而"深入"却不是那么简单的。然而这也是必须要做的。

从事建筑设计的人，在保护和街区营造方面考虑的最多的还是环境的重要性，考虑在某种环境中，建造怎样形式的建筑是允许的，极端情况下，建造本身就是不被允许的。这不是法律问题，而是建造的重大前提条件。

因此，我斗胆说一句，建筑的建造，应从外部形态开始。建筑内部，由住在里面的人或使用该建筑的人来决定，但外观却是作为大多数人的"共有物"而存在的，不能只考虑个人。

本书的读者想必多是建筑行业相关人士，或多或少都会喜欢街区、关心街区吧。我希望大家能思考一下，如何将自己的工作与街区联系起来。

老街必须得到保护，但同时，我们也必须思考，在当下，如何才能建造出与老街一脉相承的新街区。

1988.11.25　著者

| 目录 |

总说

观察街区的视角

⊙ 萩的变迁

以安艺为根据地统领八国的毛利辉元，在关原之役中担任西军总大将。战败后，势力范围仅剩周防、长门两国，于是只能在萩重建城下町。在此之前，萩只是个荒村，有几个聚落和寺院，是一片茂竹、芦苇丛生的湿地。

城下町的布局是这样的：主城位于指月山上，挖内堀（内护城河）围之，如同岛状；内堀外建造士屋敷（武士宅邸），再以外堀（外护城河）围之。而町人町（平民区）则设置在外围，主要在海边。进入城下町的唯一通道是桥本桥。

城下町的变迁可看作是通过填充水域扩大陆地面积，以及填充城市中央低湿地带以实现市区充实化的过程。这种变迁可以说是与町人阶层经济实力提高的时代背景分不开的。

关于明治以后的变迁，虽说士族担当了政治变革的主角，但始终难逃没落，许多武士宅邸逐渐消失。但是，人们利用宅邸宽阔的地块栽种夏柑并获得成功，因此，作为柑橘田有效屏障的土墙得以保留下来。这就是萩地区至今仍保留着许多武士住宅的原因。

● 街区的意义

虽然"街区"（日语：町並み）这个词很常用，但其意义却比较模糊。翻开（日本）国语词典，可以看到例如"城镇里人家相邻而立的样子"的解释，但似乎不仅如此。

"街区"指的是成列的建筑物群，不仅是指老建筑群，有时候也可以指新建群，比如我们也可以说"高楼街区"。可以不分新旧通称街区，说明街区上的建筑群是有着某种共同造型要素，也就是某种协调性的。

但是，当言及不那么老的街区时，一般会如"高楼街区""新街区"等，在前面加上各种解释语；而当说到老街的时候，就直接用"街区"指称。从这一点来看，我觉得可以这么认为，"街区"这个词，指的是有某种协调性的老建筑物群。这就是本书所讨论的"街区"的含义。

● 街区是历史的积累

首先，"老"究竟是什么意思呢？

"老"，是"新"的反义词，从时间角度来讲与现在相对，是过去创造的东西。不过，究竟多远算过去呢？几百年以前是"过去"，从今天看来昨天也是过去。

因此，从时间方面进行探讨，并没有什么意义。单从街区本身来讲，所谓"老"，指的是在历史中形成的街区。因此，所谓的过去，也并非特定的时间。

但是，每个地方都有其历史。从这个角度来说，没有历史的地方是不存在的，即使是全新建造的街区，也一定有过去，有历史。

不过这种看法未免有点牵强。外观全新的事物，说明其从形式上就毫无历史可言。因此，所谓老街，最重要的，就是拥有能用眼睛看得到的历史。

所谓历史，是过去的积累。经过历史的洗涤保留至今的老街，累积着许多有形

的历史。历史越久远，感觉越模糊；而比较近的过去，则感觉越强烈。因此不能简单地从语言上定义"哪里是城下町""保留着江户时代的街区"，等等。毕竟，城下町时期、江户时期离我们很远，即使是在当时成型的街区，也在之后的数百年历史中，不断变化发展，形成现在的面貌。

因此，我们在考察街区的时候，首先要具备这点意识。

● 解开问题的头绪是知晓历史

单纯欣赏由过去的形态聚集而成的街区景观，不需要任何知识储备；如果想深层次理解，就必须事先掌握历史知识。

当然，仅有该地区的历史知识还是不够的，整个日本史，甚至整个世界史都要纳入视野之中。因为，地区的历史是大历史潮流中的一部分，仅靠小部分的历史知识很难理解，而放在大的历史潮流中进行思考的话，能得到深刻的理解。

以拜访山形县某镇的民居为例。某座民居的院子里有非常气派的石灯笼，据说在江户时代，这户人家曾是红花批发商，石灯笼是当时从京都买回来的。山形县是红花的著名产地。根据这些信息，我们可以在脑海中描绘出这样一幅图景：主人用船将红花沿最上川运至酒田，再用千石船将红花运到遥远的巨大消费市场畿内；回程时，用船将石灯笼捎回来。在这幅图景背后，我们同时还可以窥见这样的历史背景：即在江户时代中期，日本各地生产急速发展，贸易繁盛，整个日本呈现出一个大的经济圈样态。

所以，比起"主人是谁""后来怎么样了"等类型的"历史"，物产及其交易手段、交通路线的变迁、人为的地形变化，等等，才是我们更有必要了解的历史。气派的民居林立的街区，是过去某一时期繁荣的证明。

比如，曾因扎染（绞缬）而繁荣一

萩的变迁

江户初期的萩

江户末期的萩

现在的萩市　　国家指定重点文物　1.毛利家长屋
2.口羽家　3.菊屋家　4.熊谷家　5.常念寺表门

时的有松，仍保留着当时的历史建筑。这里是为了弥补来往旅客住宿不便，利用其位于交通枢纽东海道上这一优势进行开发的结果；同时，也是当地利用吉野川泛滥和气候条件积极种植蓼蓝、生产染料的结果。类似的例子还有因木蜡生产而繁荣的内子町，用大规模干拓法开辟盐田的竹原町，用副产物红壳（氧化铁红，一种涂料）挽救铜山之不振的吹屋町，位于通往不产盐的信州的运盐道上的足助町，以参拜伊势神宫的信众为对象的商品批发市场河崎町，以及同样以参拜日光东照宫的信众为对象而发展起来的栃木町，等等。关于这些地方都有许多内容可以讲，不过在此就不详细展开了。

● 城镇不是有目的地建造出来的吗？

当农村、渔村的人口不断增加，会自然而然地形成城镇，这样的例子不是没有。但是在很多时候，城镇并不是自然形成的，而是有目的地建造出来的。

日本城镇的创建，如平城京、平安京，以及在那之前的都城，纯粹都是出于政治意图而建造的，这一点非常明确。所谓自然而然地形成城镇的要素，在当时是不存在的。

自然产生城镇的要素，一般认为要到更久以后的室町时代才具备。

低气压不断壮大形成台风，所谓城镇就好比位于其中心的台风眼。如果不能具备一个地区的核心功能，自然而然地对周边起到带动作用，是无法自然形成城镇的。

到了室町时期，出现了许多冠以地名的"××千轩"的称呼。这大概是日本自然形成城镇的起始。但是，这些名为"千轩"的地方，之后未必会持续发展，许多地方最后消失在田园中。

这也许是因为，当时的城镇，虽说是地区的核心，但还是缺乏强大的吸引力。如果有能力吸引到权力阶层，恐怕也就不

会消失了。在那个时代，在权力的支配下有意识地建造城镇仍是主流。

接下来是城下町时期，也就是从战国时代到江户时代。全日本的绝大多数城镇的形成都是基于城下町，从这一事实来看，将延续至今的日本城镇的生成，也归结到城下町时期，似乎也是合情合理的。总之，在这一时期，全国上下，新兴城镇如雨后春笋般涌现。

城下町仍是属于有目的地建造的城镇。但值得我们注意的是，即便在创建过程中目的性非常强烈，当权力之手撤去，失去了城下町的"身份"后，这些城镇之后仍能继续生存。不管权力走向何方，这些城镇已成为当地的核心，具有相当的实力。这是最好的证明。

换个角度看这个现象，我们便可以知道，到了这个时代，产业、贸易、交通终于得到发展，日本的经济终于可以独当一面了，最显著的表现就是货币经济的普及。

● 城镇会自律地发展下去

无论是城下町还是其他类型，日本的城镇很大比例上都是有意识地创造的。当一个城镇具备了一定实力后，无论当初创建的契机是什么，之后发生怎样的变化，这座城镇似乎都会自律地生存下去。

住在城镇的人，追根溯源的话几乎全都是农民。只要是农民，无论是否拥有土地，都需要耕种土地，因此会被土地所束缚。但住在城镇，情况就不同了。扔掉锄头，来到城镇，如果活不下去了，第一代人还是可以回到田间去；等到后面几代，恐怕就回不去了。在这种情况下，如果还想在城镇生存下去，就必须寻求其他的谋生之道。

或许，这就是城镇能不断变化，并自律地存续下去的理由。

如前所述，日本的绝大多数城镇都是作为城下町起步的。但当我们观察它们的

街道时，不应该仅观察其所具备的城下町的特征，更应该关注它们最终发展成了怎样的性格，它们在作为城下町之外取得了哪些变化？等等。因为这些是城镇自律生存的真正模样。

以伏见为例。伏见最初是大阁秀吉的城下町，随着城下町时期的过去，伏见转型为京都外港，发展成交通要地。这也证明了那时航运占据的重要地位，其担负的不仅是人的运送，还有物资的运送。因此，旅店、花街柳巷越来越多，批发商也发展壮大。但是，到了明治时代，随着航运被陆上交通取代，这种景况也就消亡了。之后，伏见又利用江户时代培育起来的酒乡之名转型为造酒町。时至今日，由于日本酒的没落，这里变成了高层住宅区，也因此埋下了不安。

以上就是伏见的变迁过程。可以说，每个城镇都有着类似的历史变迁，只是程度有所差异。

杵筑的变迁

江户前期的杵筑
1.勘定场之坂（大手之坂）2.酢屋之坂　3.盐屋之坂

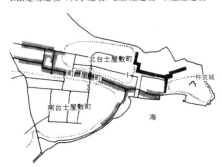

现在的杵筑市

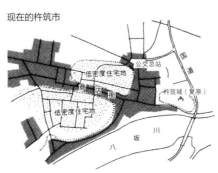

⊙ 杵筑的变迁

杵筑之名，据传是源于建长二年（1250）丰后国守护职的木村庄（日语中"杵筑"与"木付"同音）；明德四年（1393）木付氏在此筑城。之后，城主数次更替，正保二年（1645）成为松平氏的居城，直到幕末。关于松平氏之前的杵筑城的资料极少，但可以确定的是，1600年左右，松平氏执政初期，确定了杵筑城作为城下町的结构。

当时的杵筑位于凸出海面的半岛上，城堡位于半岛尖端的城山；连接城山的大陆低地建有大手门（城堡正门）。大手门一带就是城下町的原点，从这里往西延伸的细长谷地是町人町，士町则位于谷地南北两边的台地上。现在杵筑周边已经全部变为陆地，南北台地都成了住宅区，但土墙、长屋门（两侧有长条房屋的宅邸大门）等士屋敷的遗构、涂屋造[1]的町屋还是保留了下来。

1.木构建筑外墙抹灰浆，具有防火作用。

v

● 观察民居的造型

前面说过，观察街区就是观察累积在街道上的历史形态。街区是民居的集合体，于是，从民居中发现历史的形态，就成了主要内容。当然，除此之外还有区划、水路、择址条件以及祭祀礼仪等重要因素。要看的东西有很多，但是，有建筑物才有城镇，所以，观察民居也就成为所有事项的轴心。

因此，培养一双观察民居的眼睛就十分必要了。仔细地大量地考察民居实物，是培养观察能力最恰当的方法，不过这样的话不知何时才能看完。所以，在考察实物的基础上，通过查阅资料和文献扩充眼界等，也是掌握观察方法的捷径。

● 虽说民居确实是风土的产物

日本民居的形式极其丰富，这是与日本的自然、气象条件，以及人们的生产生活等方面的多样性息息相关的。所以，可以说，民居的多样性就是风土的产物。

比如，东北的民居与九州的民居相比较，大小不同，室内格局不同，屋顶的形状不同，当然细节也不同。所以，根据这些区别，每种民居都被冠以"××造"的名字。一听名字，大概就能分辨这种民居在哪里，是怎样的房子，等等。

然而，构成城镇街道的民居，样式并没有这么丰富。不客气地说，其实无论哪里的町屋，造型都差不多。

面向马路的这一边，既有平入也有妻入[1]；屋顶既有鼓起式曲线的，也有下凹式曲线的；房屋的间隔特征、墙壁的颜色、格子的造型等，这些元素在不同地区并不是完全没有差异，但是不如农家那般明显。

至于这种现象的原因那就是，对于城镇，其在成形时必然产生的内在运行机制，比自然和气象条件起着更大的作用。这种现象今天也有，现代东京的新区和纽约看起来很像，也是这个道理。

● 观察年代变化的指标

要想知道某栋民居建造的年代，如果有梁记可供参考，那就再好不过；但如果没有，就只能靠推定了。民居一般不可能保持着最初建好时的状态，通常会历经多次增建或改建。所以，我们要在脑海中将它复原至最初的模样，否则无法推定其建筑年代。将在此基础上得到的形态，根据类型考据对应时期，然后以相应时期的指标进行年代推定。

这是最为恰当的方法。即便不做如此细致的调查，只要先记住几个指标，漫步老街，也可以对其建筑所处的时代有一个基本的认知。在此介绍两个观察老街年代的指标。

一个是防火措施。自古以来火灾对城镇来说是最大的威胁。火灾频发，可导致城镇濒临毁灭。所以，建筑不可燃是城镇常住居民的心愿。城镇规模越大，密度越高，火灾造成的威胁也就越大。

因此，人们首先想到了涂会造技术和藏造技术，用现在的说法或许可以将前者叫作防火构造，将后者叫作耐火构造。观察一下此类建筑物的分布程度，就可以大致了解这个城镇过去的发达程度。

铺设屋顶的材料也是如此。城镇的房屋大致遵循着茅草屋顶、木板屋顶至瓦屋顶这么一种变化过程。同样，这也可以看作向着不可燃发展的指标。

另外一个判断标准是多层化。如果在有限的土地上聚居了过多的人口的话，房屋便会从一层的平房向两层甚至三层演变。在这个过程中，一层楼到两层楼的变化并不是一气呵成的。一般情况下，人们是先尽量利用屋顶下方的空间，然后这部分空间越来越高，慢慢地演变成正式的二楼。所以，单是二

楼的高度，就可以作为判断房屋的建造时期的依据。

不过，在此必须同时纳入考虑的是城镇的择址问题。先进地区与落后地区之间，时代差距会很大。

● 将街区进行分类

本书接下来将选取十处日本最佳历史街区，各配以十页的篇幅进行详细介绍。当然在此之前，必须说明选取这十处街区的原因。

在下一页我们将对日本的街道进行汇总、分类；并从中选出一些代表。但是如何设定类别，如何判断街区属于哪一类，着实是一件难事。

类别如右边的图表所示。首先，大分类有信仰町、城下町、在乡町、街道町、港町、产业町、洋馆町等七种。然后再将之细分。

信仰町有门前町和寺内町两种；城下町独有的小类是士町；只有町人的城镇这里将之称为在乡町；町屋町、职人町、花町等既属于城下町也属于在乡町，因此同时划分到了这两类之下；街道町的原型是农村，港町的原型是渔村，经过发展，均出现了宿场町和问屋町。

这样分类之后，出现了12种代表性的街区。不过在这之中，最主要的当然数町屋町，其次是宿场町和问屋町，所以针对这三种类型，从内陆和海边各选两处作为代表。非主角的门前町、职人町、农村和洋馆则不做举例。

如何判断街区属于哪一类呢？主要是从现在保留的状态进行判断。如果无法清楚地判断属于两类中的哪一类，则在两个类别中都将其列出。

● 街区与街区营造

日本的街区保护运动，自启动以来已经过去了将近20年。在此之间创造了许多实际成果，且规模逐年扩大。同时，相

---

1. 平入或妻入，是指建筑出入口的位置。出入口设置在檐面的，叫平入；设置在山面的，叫妻入。

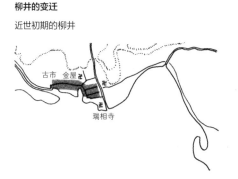

柳井的变迁
近世初期的柳井

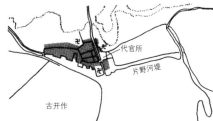

江户中期的柳井

关法律也不断完善，街区保护的必要性，已经得到社会的广泛认识并稳定下来，可以说是这一切背后的原动力。

在街区保护运动的初期阶段，将街道看作文物进行保护，是当时的主流观念。后来人们慢慢地拓宽思路，现在则是，将街区作为代表着地区身份的、新的地区建设的核心来进行考量。

虽说是保护，但街道毕竟是人们日常生活的场所，不可能将其冻结起来；此外，如果要保存街区的历史性，就必须积极地整改与之不相符的部分，修复街道景观，这就有必要进行新的建造工作。这就会自然而然地牵涉到新的城镇的建设方法。当前的任务是如何进行包含老街区保存在内的城镇建设，所以，这就不是仅限于某个特定地区的文物保护式的工作了，而变成了涉及全体居民的共同课题。这是把街区保护的必要性提高至社会性认知的逻辑。

街区保护运动的初期阶段，虽说举着文物保护的大旗，但在那些不关心的人看来，可能只是一帮古董爱好者"敝帚自珍"的行为，或者说是一部分怀旧的人在自娱自乐。

这种认知发生反转，上升至街区营造的层面，是因为人们开始对现状发出疑问——是否应该重新正视地方的独特性。因为无论在经济方面还是文化方面，中央对地方的支配非常显著，大家开始意识到，长此以往，地方文化会被不断侵食。这里讲的是本国内的"支配"与"非支配"的情况，如果将范围扩大，可以看到人们对深受西欧影响的日本文化的反思。如今，有的地方把街区建设叫作"乡土建设"，这个词当中自然也可以包含街区保护的意思。

然而，各种破坏街区的势力依然不小。至于街区营造本身，该如何与保护工作关联起来，也还没有定论。对于相关人员来说，这是永无止境的课题。

街区分类表

大分类	细分类	代表案例
A 信仰町	1门前町	
	2寺内町	今井
B 城下町	3士町	角馆
	4町屋町	高山
C 在乡町	5职人町	
	6花町	祇园
D 街道町	7农村	
	8宿场町	妻笼·室津
E 港 町	9问屋町	仓敷·栃木
	10渔村	伊根
F 产业町		伏见
G 洋馆町		

江户末期的柳井

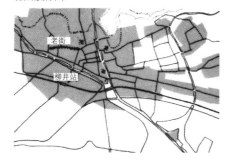

现在的柳井市

⊙ 柳井的变迁

柳井，古称杨井，是平安时代起开拓的庄园，后作为交通要道上的港町发展壮大。对明贸易的船只叫作"杨井船"，柳井的影响力由此可见一斑。

因为有着这样的脉络，柳井从未扮演过城下町的角色，自始至终都是町人町。如今，在古市、金屋一带仍保留着妻入、涂屋造等建筑林立的传统街道。这一带是柳井建造之初的一部分，现在已全然没有了港口的影子，但当时是直接临着大海的。历史上，柳井通过填海造陆，面积不断扩大；元禄7年（1694）填海建成的新市，如今也保留着当时的区划和传统形式的民居。

街区分类

西日本

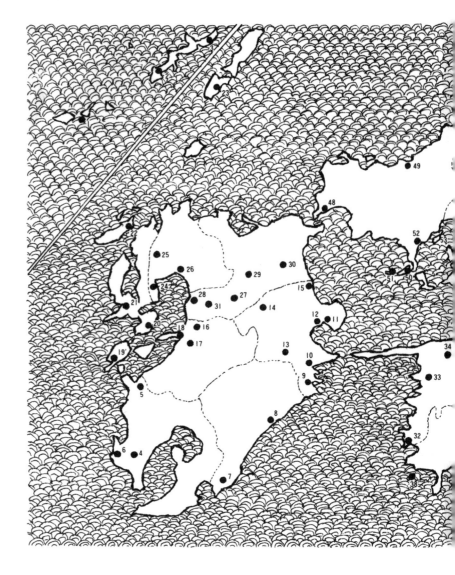

街区分类表

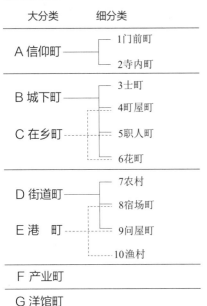

大分类	细分类
A 信仰町	1 门前町
	2 寺内町
B 城下町	3 士町
C 在乡町	4 町屋町
	5 职人町
	6 花町
D 街道町	7 农村
	8 宿场町
E 港　町	9 问屋町
	10 渔村
F 产业町	
G 洋馆町	

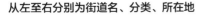

从左至右分别为街道名、分类、所在地

1. 竹富岛　D7　冲绳县八重山郡竹富町竹富岛
2. 首里　B3　冲绳县那霸市首里金城町2-3丁目
3. 国头　D7　冲绳县国头郡国头村奥，安波
4. 知览　B3　鹿儿岛县川边郡知览町上郡
5. 麓　B3　鹿儿岛县出水市麓町
6. 坊津　E9　鹿儿岛县川边郡坊津町坊之滨
7. 饫肥　B3　宫崎县日南市饫肥
8. 美美津　E9　宫崎县日向市美美津町中町
9. 佐伯　B3·4　大分县佐伯市
10. 臼杵　B3·4　大分县臼杵市
11. 杵筑　B3·4　大分县杵筑市
12. 日出　B3　大分县速见郡日出町鹰匠町
13. 竹田　B3·4　大分县竹田市
14. 日田　B4　大分县日田市豆田町
15. 中津　B4　大分县中津市丰后町
16. 山鹿　C4　熊本县山鹿市
17. 御船　C4　熊本县上益城郡御船町
18. 松合　E10　熊本县宇土郡不知火町松合
19. 崎津　E10　熊本县天草郡河浦町崎津
20. 岛原　B3　长崎县岛原市下之丁
21. 长崎　G　长崎县长崎市南山手·东山手
22. 平户　B4　长崎县平户市

23. 严原　B3　长崎县下县郡严原町
24. 鹿岛　D7·E10　佐贺县鹿岛市滨町
25. 有田　F　佐贺县西松浦郡有田町
26. 川副　D7　佐贺县佐贺郡川副町
27. 吉井　D9　福冈县浮羽郡吉井町
28. 柳川　B4·E10　福冈县柳川市冲端
29. 秋月　B3　福冈县甘木市秋月
30. 英彦山　A1　福冈县田川郡添田町英彦山
31. 八女　C4　福冈县八女市福岛
32. 外泊　E10　爱媛县南宇和郡西海町外泊
33. 宇和　C4　爱媛县东宇和郡宇和町
34. 大洲　B4　爱媛县大洲市
35. 内子　D9　爱媛县喜多郡内子町
36. 梼原　D7　高知县高冈郡梼原町
37. 安艺　B3　高知县安艺市土居
38. 宿毛　E10　高知县宿毛市冲之岛弘濑
39. 祖谷　D7　德岛县三好郡东祖谷山村·西祖谷山村
40. 胁　D9　德岛县美马郡胁町
41. 蓝住　D7　德岛县板野郡蓝住町蓝畑
42. 引田　C4　香川县大川郡引田町引田
43. 男木岛　E10　香川县高松市男木町
44. 女木岛　E10　香川县高松市女木町

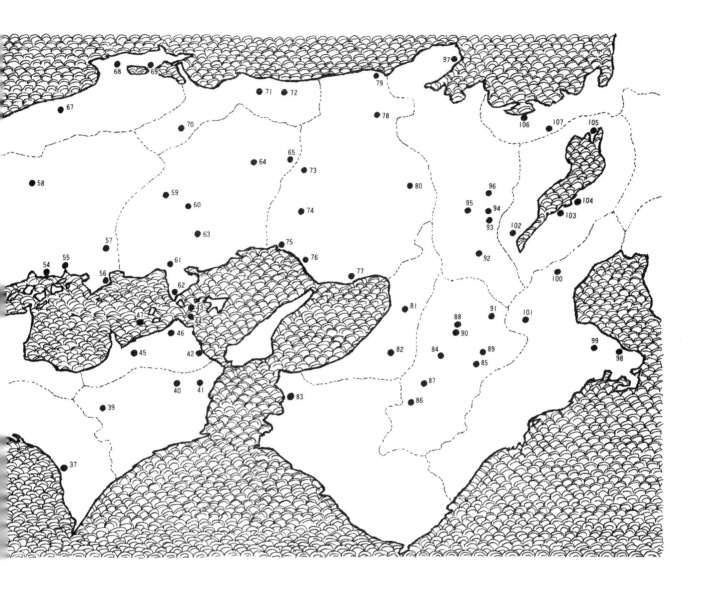

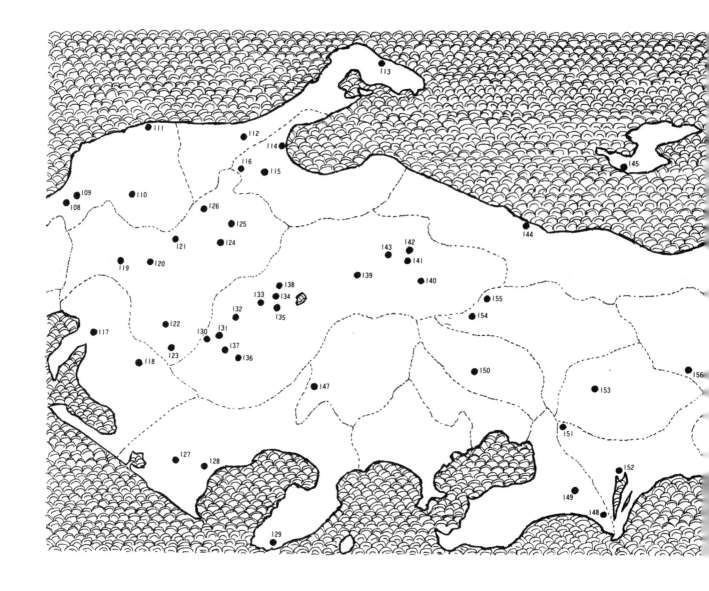

街区分类

东日本

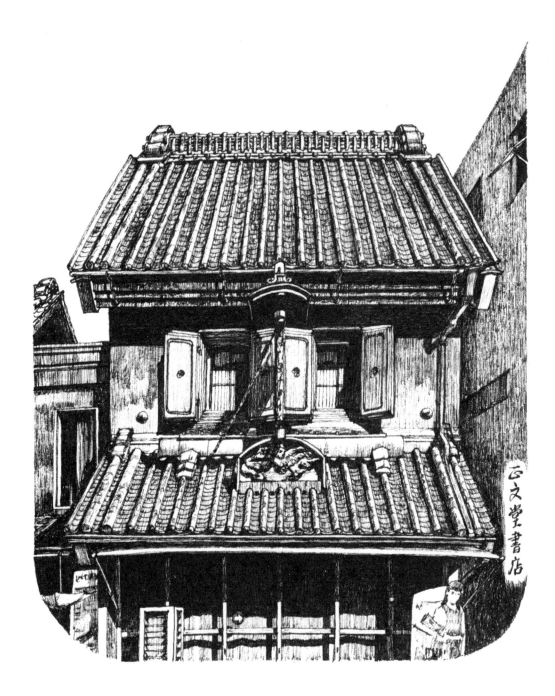

正文堂書店

町人自治的寺内町 今井

士屋敷保存得最好的地方 角馆

京都之花，茶屋林立的街区 祇园

从城下町到町人町 高山

山路上的宿场町风姿 妻笼

可追溯到古代的海港宿场 室津

濑户内型民居和土藏之町 仓敷

调集日光御用物资 栃木

舟屋包围海湾的特殊风景 伊根

从城下町到交通町，再到酒乡的转变 伏见

信仰町

町人自治的寺内町

今井

奈良县橿原市今井町
（图中IC指高速公路出入口，后同）

● 独立的环壕都市

现在的今井，是橿原市的一部分。然而追根溯源，今井曾经是一座町人高度自治的都市，其城市建设可追溯到中世末期。至于橿原市，是因町村合并政策的实施，在昭和三十一年（1956）诞生的一座城市。

如今，原址的大部分都已经被掩埋于道路之下，只有极少遗存。但是，只要我们能够了解到这里曾经是一座壕沟围绕的城市，就可以知道，这块区域以前是独立的。

这样的城市被称为环壕都市，规模稍小的则称为环壕聚落。这种城市在奈良盆地和河内平原尤为多见。历史上知名的自治城市堺市也是这种类型。

在这片地区有许多这类城市，归根结底是由于中世以来，武士阶层政治权力的衰退。因此，住民出于自我防卫的目的，在聚落周边开挖壕沟，群居一处，逐渐构建起自治的体制。

● 一向宗门徒的寺内町

战国末期，在畿内和北陆，一向宗的门徒在各地建立了独立的权力机构，割据一方。他们以寺庙为中心，建立起一种宗教都市，叫作寺内町，并以之与武士权力抗衡。其中，织田信长与大阪本愿寺的长期战争，就是最为典型的例子。

早在那时，今井就是一向宗门徒以称念寺为中心建起的环壕都市，因而发兵本愿寺，与隶属信长军的明智光秀的军队交战。这场战役虽然以今井的投降而告终，但信长方面并没有予以追究，今井并未遭遇权力的制裁。

当时的自治体制，是由称念寺住持掌权，并设3名总年寄[1]的形式；后来这种特征逐渐淡去，演变成3名总年寄处于组织顶端的运营体制。这一体制基本贯穿了整个江户时期，维持着城市的独立

性，至昭和三十一年町村合并为止，一直在发挥着作用。

● 转型为商业都市的今井

正如其自治体制的变化，以一向宗门徒的寺内町起步的今井，其城市性格也在逐渐改变。作为当地的流通和金融中心，今井转型为商业都市。在当时有说法可描述其盛况："日本的钱有七成在今井。"

如今我们在街上看到的，平筒瓦交搭屋顶、涂着厚重的白色灰浆的民居，其中有六成左右都是建于江户时代。由此可见当时今井独立一方的富庶景象。

● 8处重要文物民居

在今井东西约600米、南北约300米这一并不大的街区范围内，建筑物星罗棋布，其中有8户民居被列入了重要文化遗产，由此可以想象此地曾经的繁荣景象。这在日本是独一无二的。因此，有人称今井是"日本第一街区"，也并非没有道理。

其中最大的一座是今西家，也是历史最悠久的，梁上题记为庆安四年（1657）。房子的主人世代任笔头总年寄，管理今井，屋内甚至还有监牢。屋顶为平筒瓦交搭的入母屋顶（歇山顶），并有若干小破风组成复杂装饰，从墙壁到屋檐下方都涂着厚厚的灰浆。这样的形态与其说是民居，倒不如更像一座城堡。

第二悠久的是丰田家，关于丰田家的详细内容会在之后提到。

再接下来是一些推断，五金批发商音村家古色古香，应该是在17世纪末建成的；总年寄上田家、酒商河合家、米商中桥家、五金兼肥料商旧米谷家是在18世纪后期建成的。旧米谷家的后院里，还存留着仓库、仓前小屋（蔵前座敷）[2]和水井等，可以令人追忆主屋后院的原貌。历史最短的是酱油商高木家，这栋民居的二楼的高度是最高的。

今井町延宝年间古图

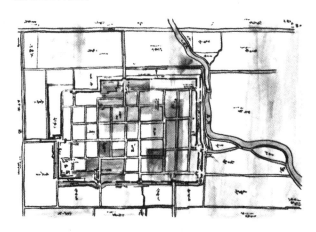

重要文物民居：
1.今西家 2.丰田家 3.中桥家 4.上田家 5.音村家 6.米谷家
7.河合家 8.高木家

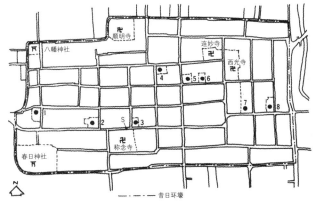

—— 昔日环壕

寺内町今井的核心　净土真宗（一向宗）的称念寺

● 町屋的风貌

可以说，今井的民居100%都是平入式入口。在重要文化遗产的8栋民居之中，今西家、丰田家和音村家3家是入母屋顶。其他诸如河合家，除在面向街角的地方为入母屋顶外，其余全部都是切妻顶。

这8栋重要民居文化遗产都是独门独栋的家宅，此地称"本屋建"，皆为平入式入口，檐与檐相接。虽说这样的"本屋建"很多，但"长屋建"的借家（出租屋）也很多，可谓今井的特色。与现在相比，以前长屋的比例更高。根据江户时代的记录，在总数为1082户的房屋中，长屋的比重超八成。像这样的长屋文化也是今井街道景观的重要组成部分。

另外也可以说，今井的民居100%都是涂屋造。所谓涂屋造，就是建筑二层及以上的部分均不露出木质构件，遍涂灰浆；而一层则普通地将木质部分暴露在外。因此，二楼的格子门窗都涂上灰浆，这就是我们后面提到的"虫笼窗"；而一楼的窗户就是极为普通的连子格子窗的样子。屋檐下方也是一样的道理，二楼的屋

檐下方的木质构件如椽、檩等全部涂浆，而一楼的则不做处理。二楼涂桨有防止大火延烧的作用。

● 今井的未来

如今，今井成了一处安静宜居的地方。虽然它在大众旅游手册中经常出现，前来观光的游客也不少，但是在今井却没有一间以招揽游客为目的的土特产店、咖啡厅或者餐厅。此地居民并不想把今井变成一个旅游观光地。从历史街区保护的角度看这倒可以说是一件好事。旅游开发中的破坏性要素实在太多了。

话虽如此，这样的历史街区毕竟也面临着各种不确定的负面因素，如果不加以任何保护对策，未免也令人担忧。将其列为重要传统建筑群保护区，让保护工作逐渐迈入正轨，并取得当地居民的认同。这对今井的未来而言，是十分重要的。

---

1. 总年寄是江户时代的一种官职，掌管町政。
2. 在仓库前方设置的住屋。有监视守卫仓库的作用，也可作为隐居之所。

总年寄的旗帜

⊙ 总年寄的旗帜

总年寄3家分别是杂货商今西家、盐商尾崎家、壶商上田家。在正式活动的时候，会挂出这种旗帜。

重要文物民居　米商中桥家所在的街道一隅

涂屋造的古老町屋
重要文物民居
丰田家

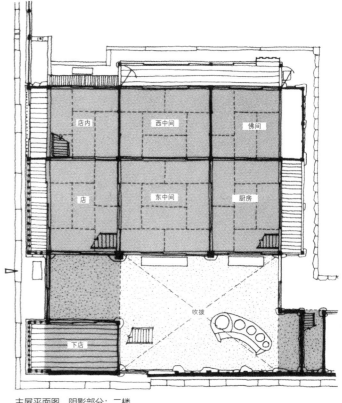

主屋平面图　阴影部分：二楼

● 名为"西之木屋"的宅邸

据传，在丰田氏之前，这栋民居里居住的是牧村氏，是木材巨贾，俗称"西之木屋[1]"。建筑二楼的两端墙上各有一个灰浆雕刻的圆形"木"字族徽，据说这就是证明。有趣的是，左右两个"木"字的设计稍有不同。

牧村氏财力雄厚，不仅在大阪也设有分店，而且有实力向大名放贷。

这栋民居的建筑年代，根据工匠在铺瓦时用泥塑刀所刻下的文字来看，可以判断是宽文二年（1662）。

建筑的外观与比之早12年的今西家非常相似，采用当时也许是大型家宅惯用的大型入母屋顶。虽然造型也令人想到城堡，但无法感受到今西家的那种威严。

二楼表面的两端，各保留有一个涂满灰浆的格子，但其实"厨子二楼[2]"有三处小窗户，可见格子只不过是装饰。

只将建筑物二楼以上的侧面等容易烧毁的部分遍涂灰浆的工法叫涂屋造，但像这栋民居一样的旧式涂屋造，则与城堡的做法基本相同。随着时代变迁，"厨子二楼"的窗户演变为富有设计感和多样性的"虫笼窗"，逐渐显现出町屋独有的优美风姿。在丰田家看到的装饰性格子大概就是虫笼窗的前身。说到这种粗壮的造型，还可以看看一楼外侧的粗格子。这种粗格子被称作"大和格子"。

● 旧式房间布局

临着宽敞的土间并排布置三室，在后方又并列布置三室，共六室。这样的房间布局并非今井独有，而是町屋的常见格局。不过，这栋民居展现的是这种布局方式更早前的形态。

临土间的三室面宽2间[3]，靠里的三室面宽1间半。而这种格局在不久以后就发生了变化，即完全逆转过来。这显示了房间使用上的变化。从前，里侧的房间一般是诸如卧室等需要隐蔽的空间，但之后变成了客厅般的高规格空间。

正立面图

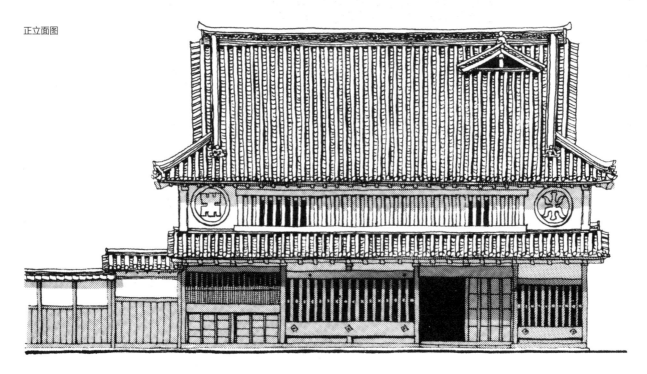

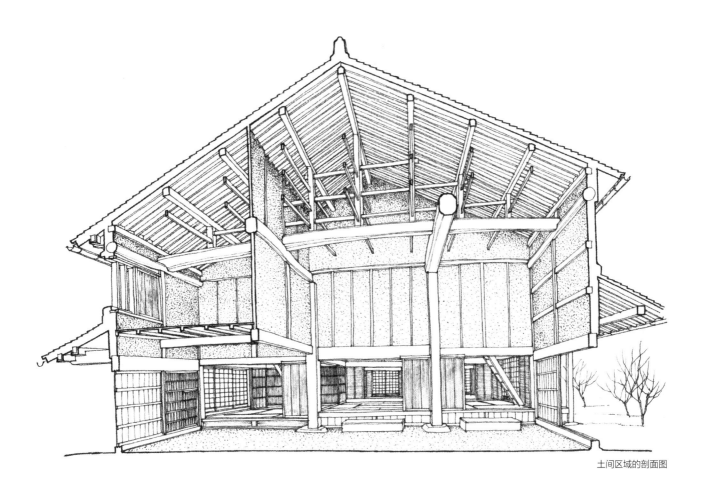

土间区域的剖面图

在丰田家，居于里侧中央的"西中间"两侧设有墙壁，独立性高，且需要跨过门槛才能进入。这种构造叫作"帐台构造"，是寝具还不充分的时代常见的卧室入口特有造型。从这一点也可以看出丰田家之古老。又及，这种造型在今西家也可以看到。

但是，"帐台构造"的卧室，原则上是没有窗户的，但是目前这间屋面向走廊的这边设计为开放式，是为特例。建造之初的状态不明，进入明治时代后这所宅子曾经增建客厅，与这个房间相邻，从而使这个房间变为"前厅"。由此或可判断建造之初或许并没有窗户。

● 町屋的萌芽

农家与町屋，无论是平面布局，还是其他各部分都有许多差异。但毫无疑问，町屋是以农家为基础发展而成的。

在早先的研究中，有确切建筑年代的民居中最古老的是今井的今西家，但后来研究发现，目前已知的最古老的民居应该是五条市面国道而建的栗山家，其始建于庆长十二年（1607）。

然而，不论是栗山家还是今西家，仍然保留着浓厚的农家构造，真正的町屋构造还没有诞生。

从这种角度来观察丰田家，其屋顶结构、门楣、密实的连子格子窗的出现，以及在安装了这种格子的"内店"[4]中，将檐廊状的庇收进了屋内，等等，从许多方面都可以看出町屋构造的萌芽。

所以，从这些细节来看，丰田家或许可以说是最早显示了町屋诞生的房屋。

目前丰田家定期对外开放，可以自由参观。到了今井，进入丰田家参观可以说是最大的享受。

1. 此处的"屋"是店铺之意。
2. 厨子，是收纳佛像、经卷，或古代贵族住宅中用于收纳文房、书籍的双开门柜子。"厨子二楼"是较为低矮的阁楼，通常用作收纳物品或用人寝室，与正式二楼有别。
3. "间"原指柱与柱之间的间隔，没有固定值。后来"间"在日本逐渐被用于土地测量，出于便利而被赋予了固定值，遂成为长度计量单位。1间约为1.818米。
4. 日语原文为おくみせ。平面图中的"店内"，日语原文为みせおく。

灶台

涂屋造是町屋的重要防火构造

日本房屋立面的传统做法，是将柱子之间全部填作墙壁，或者全部留作开口，二者选一。但到了近世，出现了涂屋造，人们开始将墙壁凿穿，做出各种奇特的开口部。

如前所述，藏造是木构建筑的耐火构造，而涂屋造则是将其简化后的防火构造。但是，两者中哪一个出现得更早则无法速下论断。

据传，土藏（土仓）最初是中世当铺的仓库。仓库要保证典当品的安全，所以在当时想必是大家关注的问题。虽然不清楚土藏是以怎样的速度普及开的，但在近世初期，各地就已建起土藏，可见其普及速度之快。但当时，涂屋造也已经出现，很难判断哪个更早。或许，最初出现的土藏是一种形似涂屋造的建筑。

总之，对墙壁进行全方位展示的建筑的出现，意味着日本的住宅在造型上对墙壁的重新发现。在墙壁上凿洞做出开口，有将土墙粉刷后做的下地窗和在板壁上开凿的板羽目切窗，但这些只不过是做做样子的假窗。在涂屋造房屋中出现的虫笼窗，才能被称为真正意义上的穿墙窗户。

将墙壁凿穿做出开口部的做法，将开口部必须位于柱间的限制条件中解放出来，其形状也变得更加自由。在今井见到的虫笼窗，只看重要文物民居的那几栋，形式就已经丰富多彩，不过从形状的自由度这一点来讲还是偏中规中矩。在其他城市，也能看到许多类似于虫笼窗的具有珍奇形状的窗户，或许这也是今井作为历史古城的又一佐证。

今西家族徽 1650年

旧米谷家 18世纪中期

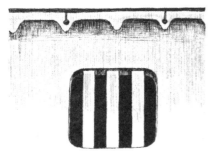

中桥家 18世纪后期

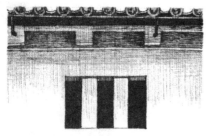

丰田家 1662年

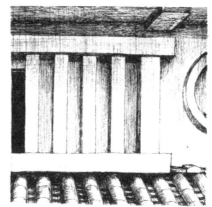

河合家 18世纪后期

高木家 19世纪前期

音村家 18世纪初期

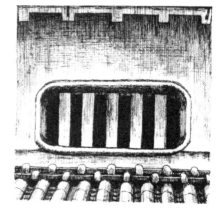

河合家 18世纪后期

富田林葛原家 19世纪前期

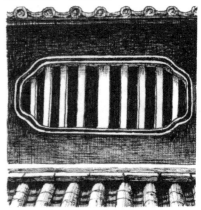

虫笼窗

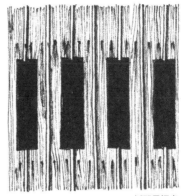

板羽目切窗

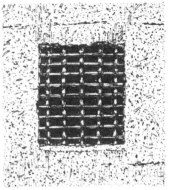

下地窗[1]

物见格子，
交流之灯

格子的造型有很多种，其中向外突出的格子可分为出格子和物见格子。

出格子是格子整体伸出在外的一种结构。使用出格子有一些好处，比如下雨的时候，可以避免里面的纸拉门淋湿，还可以扩大室内的面积，等等。物见格子则如其名字所示，是为了从房间内部观察外部情况而设置的，所以其大小只能容下人的头部。

因此，物见格子作为防卫设施非常有用，士屋敷的长屋门或围墙上等常常设有物见格子。人可以隐蔽于此，侦察外部情况。

但是，今井并不是士屋敷集中分布的地方，为什么会有这么多物见格子呢？另外在今井可见一种有趣的做法，即将整面墙的格子中的一部分设计为物见格子，不由得令人想称之为"亲子格子"[2]。

因为今井是一座自治自卫的城市，所以可以说每家每户也都是一座自我防卫的"城堡"。但这些民居建造时世道已然太平，似乎并没有防卫的必要。

因此，有这么一种说法，即到了晚上，人们把手提灯笼放在物见格子里，照亮街道。听起来似乎是编造出来的理想画面，但好像是真的。

这样一来，原本用来观察敌情的物见格子完全变成了功能相反的设施，成为邻里之间沟通交流的纽带。不管事实如何，对于城市街区而言，这种景象是令人向往的。

⊙ 物见格子

又称"人见格子"，在士屋敷中常见，如其名所示，是暗中观察外面人流的装置，不免带着些许负面色彩。但是在今井，物见格子化为照亮夜晚街道的明灯，营造出町人町的独特风景。

士屋敷长屋门的物见格子（金泽）

河合家的物见格子

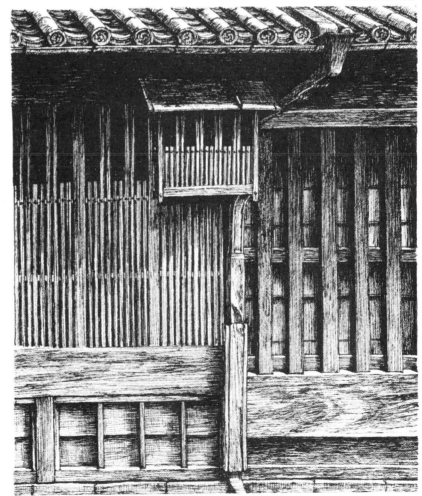

---

1. 下地窗：用竹条编织成的网格状的窗户。
2. 大格子上附小格子，所以令人联想到"亲子"。

信仰町资料馆
关于信仰町的种种

富田林

● 寺内町和门前町

在日本，以信仰作为原动力发展起来的城市有寺内町和门前町。除此之外，还有众多寺庙聚集的叫作寺町的城市。但寺町通常是城下町的一部分，所以不在讨论范围之内。

前面以今井为例对寺内町进行了说明。寺内町是以信仰为中心形成的独立性很高的城市，在集权之下很难成立，因此类似的案例很少。并非城壕包围的聚落中有寺庙，就能称之为寺内町。

位于河内平原的富田林，与今井隔着国境[1]山脉呈对称分布。这里和今井非常像，是一向宗门徒以光正寺为中心开拓的寺内町。街景也非常相似，涂屋造的厚重民居鳞次栉比，但比起今井，新造型的民居要多一些。今井和富田林，可谓寺内町双璧，没有能与其相媲美者。

与寺内町相比，门前町数量不少，但规模过小，很多只是城市的一部分。

● 门前町种种

在本书分类的街区当中，门前町有九处，其中最大的是以金毗罗宫[2]为中心的琴平。这里自江户时代开始就是驰名全国的重要观光地，这也在情理之中。其他与之相似的还有伊势神宫，但作为门前町值得一看的东西已经荡然无存。

羽黑手向和英彦山是作为修行场所的住宿之地而建造起来的城市。坂本位于比叡山的近江一侧，是僧人的聚居之地。这些地方是宗教人士的城市，虽说是门前町，但略为特殊。

与此相同，井波、嵯峨野、鞍马、佛生山、宫岛等分别为瑞泉寺、爱宕权现、鞍马寺、法然寺、严岛神社的门前町，自

佛生山

信仰町

1. 英彦山　2. 琴平　3. 佛生山　4. 富田林　5. 今井
6. 嵯峨野　7. 坂本　8. 井波　9. 羽黑山

井波

成一体，井然有序。

　　但是，作为寺内町起步的今井和富田林，后来演变成了商业都市，这显示了仅靠信仰无法维持城市的长久繁荣。且不论信仰本身，信仰的中心若能作为景点生存发展下去倒也不错，若是不能则必须转型，否则城市无法存活。

⊙ 佛生山

　　江户时代初期，佛生山是藩主松平氏的菩提所[3]法然寺的门前町，现在位于高松市管辖范围内。这里保留着平入、涂屋造及有"厨子二楼"的民居组成的街景，并已成为普通的商业街。

⊙ 井波

　　井波是明德元年（1390）本愿寺5世绰如上人创建的瑞泉寺的门前町。街道由平入式、木板屋顶的民居组成。近世初期，井波是统一越中门徒对抗武士的据点，落败后寺院收归于藩主前田氏的庇护下。寺院经历了数次大火和重建，从中成长出了世称"井波大工"的技术团队。现在井波作为木雕之乡，盛产栏间[4]雕刻等，仍然传承着当年的技艺。

1. 这里的"国"是指日本旧时的律令国。富田林町位于河内国，今井町位于大和国。
2. 亦可写作"金刀比罗宫"，供奉的是日本神道教中的大物主命。
3. 菩提所，即菩提寺，指定家族的家庙所在地。该家族世代皈依此寺，并将牌位祀于其中。如宽永寺、增上寺就是德川家族的菩提寺。古代、中世时期叫氏寺。
4. 设置于天花板与门楣之间的用以通风、采光、换气的部件，常施以透雕，可作为装饰。井波（今富山县南砺市）的栏间雕刻是非常有名的传统工艺品。

井波

士町

士屋敷保存得最好的地方

角馆

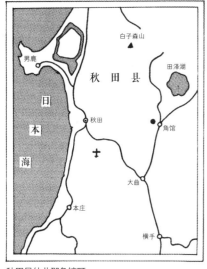

秋田县仙北郡角馆町

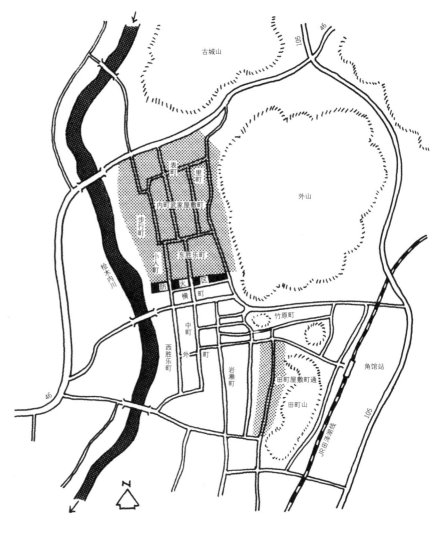

角馆市街道平面图

● 城下町的形成

在述述角馆之前，先对城下町做一个概述。

城下町的雏形，据说可追溯至中世的守护町，或地侍[1]的城馆町。不过中世的这些"町"，大多是自然成长的，从城市机能而言还比较匮乏。

中世时期的城堡多为山城。不过，附属家臣的居住地，以及为武士提供物资而形成的町人町等，这些日后构成城下町有机一体化的要素，似乎并不是通过这种位置关系来确定的。

由散乱的街道，变为有规划的街道，最终具备城下町的基本面貌，这一发展的契机在于城堡从山城转变为平山城或平城。

这意味着统治者的眼界变得更加开阔。其统治方式从单纯占据对军事斗争有利的山头，转型为对所辖区域政治经济等方面的支配。固守山城100年后，终于要开始往山下发展了。

开创城堡由山城向平城转变的先河

的，是织田信长麾下武将、后世所称丰臣秀吉所建的长滨城。只能说丰臣秀吉不愧是引领时代的先驱。

此后，信长的安土城、柴田胜家的北之庄等竞相模仿。秀吉筑城进度不断加快，陆续控制了大阪、大津、近江八幡、和歌山、淀、桑名、伏见等水陆交通要塞；并调派人手前往岸和田、德岛、四国的高松、九州的中津等地筑城。

阐述城下町的形成时，必须把丰臣秀吉的筑城事业作为重要的起点来看待。

● 城下町的构成

全国的城下町几乎都是在同一时期开始建造的，并且几乎都是根据同样的规矩建造的。

首先，构成城市中心的是城主居住的城堡和府邸，周围沟渠围绕。然后是家臣们居住的地方，即士町，呈环绕之势围聚在城堡周边。以上两者用地广阔，居住人口少；而在此之外的町人町，住家排布则相当紧密，且不准在远离街道的

地方擅自建房子。此外，下级武士的居住并不在士町，而是以长屋的形式，安插在町人町里面。寺院则沿着城郭外围分布。在地形上看，城堡和士町在高处，町人町则在低处。

这样设计城市的构造，自然是出于防御上的考虑。城下町位于水陆交通要塞，根据道路和水路的走势，其构成须遵循一定的规则。不过在此基础上，也出现了各种各样的形式。

再后来，原本设有军事设施的城下町遗址上，建起了行政、教育等公共设施，士町变成住宅区，町人町则变成商业街、娱乐街。毫无疑问，如今城市街区的范围已经远超越了城下町时期。另外，由于轨道交通发展与公路的扩张，交通设施和交通线路与城下町时期已迥然不同，这一点也必须留意。

● 城下町·以角馆为例

角馆是位于秋田县的田泽湖附近小盆地里的小城市。这座城市是由17世纪初建

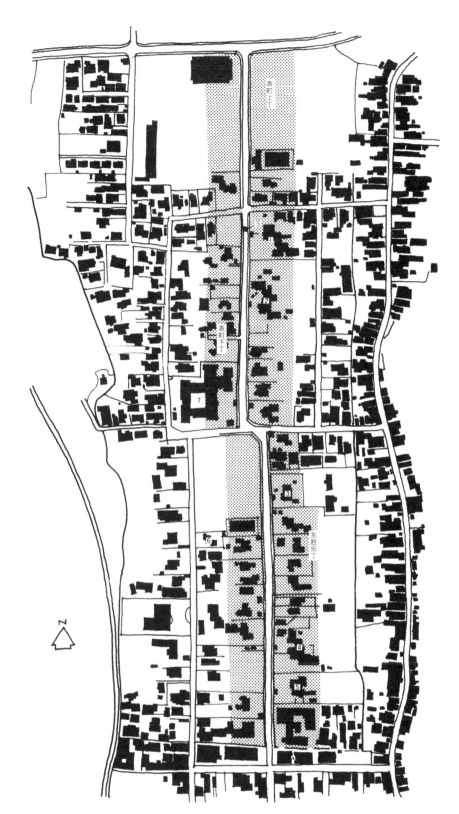

角馆内町（武士住宅区域）聚落图　　阴影部分：重要传统建筑群保护区
1.石黑家　2.青柳家　3.岩桥家　4.河原田家　5.小田野家　6.松本家　7.传承馆

造的城下町发展而来的。

在这里修建城下町的，是出身于秋田领主佐竹家族的芦名氏[2]，领地石高为1.5万石。据说芦名氏起初居于此前统领此地的户泽氏的旧城堡中，后根据幕府的一国一城令，拆除了此城堡，建造起了这个城下町。

旧城堡原位于角馆北边的古城山上，应是一座山城。据说在城下町建起来之前，旧角馆位于山的北侧。

这么一来，角馆虽为城下町，但是并没有"城"（城堡）。只不过，城下町的基本构成——士町与町人町的区分还是非常明确的，寺庙也分布在城市的外沿。士町又称内町，町人町又称外町，面积大概是2∶1。两者之间还有宽约20米的空地，叫"防火隔离带"。在隔离带中垒起约3米高的土墙，将两边完全分离开来。

角馆是形态比较特殊的城下町，不能作为典型，但角馆士町的面貌及其建筑是保存得最为完好的。

士町的布局以一条南北向宽约11米的大路为中轴向两边展开。大路不是通直的，而是中间错开一点，形成一个枡形拐角[3]，避免了视线的毫无遮挡。

芦名氏的府邸据说在道路的北侧，现已不存。道路南端的防火带和土墙也已经没有了。进入这条街道，就仿佛进入了森林，参天的古树遮蔽了光线，营造出幽暗的氛围。街道两旁，是绵延的守护着武士宅邸的木板围墙。围墙上有门构造，围墙内宅邸的真容若隐若现，景致十分独特。

大多数士町都保留着门、长屋门、围墙等遗存，但保留着整栋建筑的却很少。一是因为明治时代士族消亡后，宅院难以维持。二是因为与发展出涂屋造和藏造等技术的町屋相比，土屋敷还是脆弱了些。角馆土屋敷的现状，比其他地方优秀得多。

围墙上的物见格子

1. 地侍（地士），是存在于室町中期至安土桃山时代的一种武士身份。原为居住于村庄，经营农业的具有一定实力的百姓（农民），因与守护大名或本地的国人领主缔结从属关系，因而获得武士待遇。安土桃山时代推行兵农分离政策后又回归百姓身份。
2. 指芦名义广，佐竹义重次子，过继给芦名家族。后也曾改名芦名盛重、芦名义胜。
3. 日语写作"枡形"。可参考第48页介绍。

士屋敷町密林掩映的晨曦

角馆士屋敷的代表
上级武士官邸
青柳家

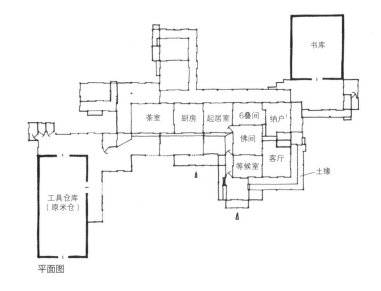

平面图

● 104石的上级武士

武士的石高其实比想象的低。芦名氏的家臣中只有15人为100~200石，芦名氏之后的北家，最高的只有110石，100石的有4人，这种情况一直延续到幕府末期。

青柳家，无论是规模还是造型，都可以称得上是角馆士屋敷的代表。在幕府末期石高能达到104石，可谓屈指可数的上级武士了。

朝向大街的是绵延的黑色木板墙，建有气派的药医门[2]，门旁边的围墙上还有物见格子。门上有万延元年（1860）的题记。门前置有大石，顶端平的是乘马石，有洞的是栓马石。

一进门，玄关处突起的破风和漂亮的悬鱼煞是惹人注目，左手边不远的内玄关处也有唐破风和悬鱼，向访客诉说着这所家宅的地位。

玄关的右手边是将门厅和内院隔开的板墙，遵循士屋敷的一般规制，设有一道门，可以直接从内院进入客厅。

跟别的地方一样，宅邸内巨树参天、动人心魄，春天樱花烂漫，秋天红叶尽染，美不胜收。

但是，恐怕也有不少人怀疑，这究竟是不是上级武士的宅邸？因为这里的柱子总体偏细，建筑材料也很普通，细部也不是特别讲究。据此可以推想到，在此层级以下的武士住宅应该是更为朴素的了。

这座宅邸中据说有四处仓库。不过现在存留下来的，只有靠近街道的工具仓库和宅邸后方的书库，此外还有一处

玄关的破风

不在这里，共三处。工具仓库应该是明治时期的建筑。

另外，在宅邸内还留有带屋顶的户外水井和户外厕所。

● 士屋敷的平面格局是四室格局

角馆士屋敷的平面布局，从类型上可以将其归为四室格局。

首先，与突出的玄关相连的为等候室，与等候室并排的是客厅，这两个房间

是宅邸外侧的格式空间。至于内侧，等候室的后面是起居室[3]。客厅后方是纳户，是作为卧房使用的。这样就形成了四室的格局。厨房与起居室相邻。

这只是基本形态，间数多的宅邸，房间会互相夹杂交错，产生很多变化，但依然能很容易地从中找出基本形态。

青柳家的主屋顶是用茅草铺成，呈"L"形，高出的部分一直覆盖到起居室的位置。据此或许能推测，在建房之初，

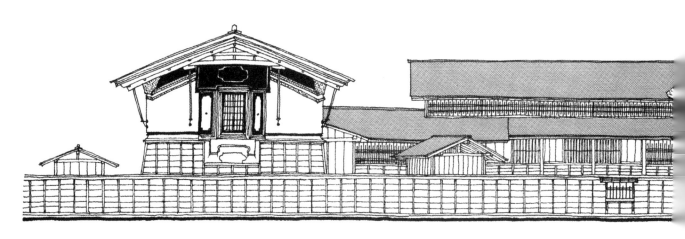

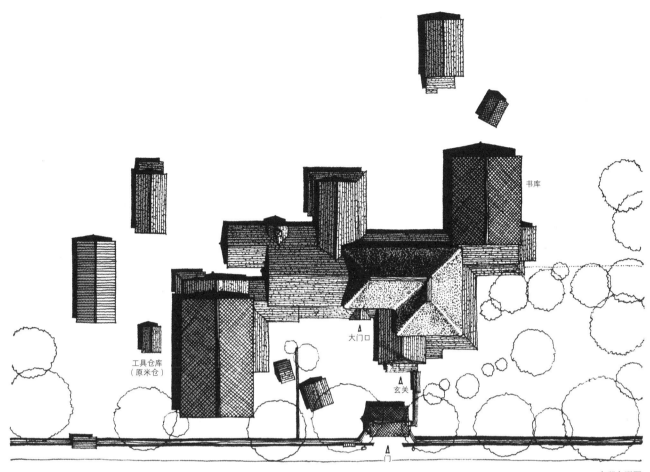

书库

大门口

玄关

工具仓库
（原米仓）

门

宅邸鸟瞰图

目前的起居室曾是厨房，而六叠间则是起居室。如果六叠间曾是起居室，则略嫌小。等候室也很小，因而或许可以推测，原本两个房间之间是没有佛间的。

若是这些推测成立，那么我们可以知道，青柳家最初是完全按照基本形态建造的。

● 设有土缘的回廊

客厅外设置回廊，似乎也是定式。因为有回廊，客厅有两面都向着庭院，而这个庭院可以说是整个宅邸内最重要的院子。

青柳家的回廊宽约1间，内半侧以木板铺就，外半侧则是裸露的地面，叫作"土缘"。

这样的做法通常出现于多雪地区。除了冬天，回廊都是打开的；冬天的时候，人们会把土缘边上的木板套窗都关起来。当外面积雪时，土缘的作用就能发挥出来了，因为这里就好比不受积雪影响的庭院。

为此，木板套窗的设计也颇费功夫；下方是木板，上方是用细木条编成的拉门。冬天即使关上窗户，房间采光也不成问题。如果采用这种做法，栏间通常会装上固定的障子。

1. 纳户：储藏衣物、寝具等物品的房间。有时也指卧室
2. 药医门：大致是前方两根本柱（主要支撑），后方两根控柱（辅助支撑），上覆悬山顶的形式。
3. 青木家的起居室叫作"御上（okami）"，而通常叫作"出居（dei）"。

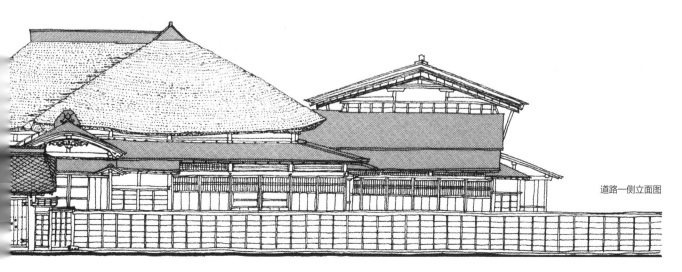

道路一侧立面图

保存士屋敷遗存 建造新的城镇

作为新的地区核心建造而成的传承馆

● **这里有6栋士屋敷**

在这片不大的地域内，共保存有6栋士屋敷，包括前文提到的青柳家，蔚为壮观。各家的石高分别为，青柳家104石，岩桥家超86石，河原田家超75石，小田野家超88石。石黑家是本藩佐竹氏的佣人，另当别论。松本家情况不明，但毫无疑问级别要低很多。不同等级的官邸集中保存在一片区域，价值相当大。

这里简单介绍一下岩桥家和松本家。岩桥家与青柳家一样是"L"型屋顶，但上面铺的不是草而是木板。不过有说法是以前铺的也是草。至于其他做法上，与青柳家相比可知，接近基本形态，四室格局，厨房向外突出。等候室很小，且被分成了两间，可能是后来改建的结果。从草屋顶到木板屋顶的转变大约是在明治时代以后，这时，曾经必不可少的等候室等房间的用法发生了改变，所以对布局进行过大规模改造的可能性是很高的。

松本家是等级更低的士屋敷，所以并不在主干道旁，而是位于里巷。但是，这种级别的士屋敷能够保存至今，无疑也是极为宝贵的。据推测，这栋宅邸的建筑年代为幕末。

平面布局方面与上级武士的宅邸完全不同，斜后方的一室是移建连接而成，原始形态似乎是两室格局。

在两室的后方的是铺有木板的房间，很难推测这种布局和规划是出于什么目的。

● **史迹的街区营造**

角馆的居民从很早以前，就开展了以士屋敷地区保护为中心的街区营造活动。昭和四十八年（1973）制订了"史迹街区建设计划"，在昭和五十一年（1976）就被评选为重要传统建筑群保护区。

士屋敷区域中心的枡（桝）形路口附近的小学被迁往他处，在原地建起名为"传承馆"的地标性多功能建筑，更加符合该地区的整体氛围。

松本家

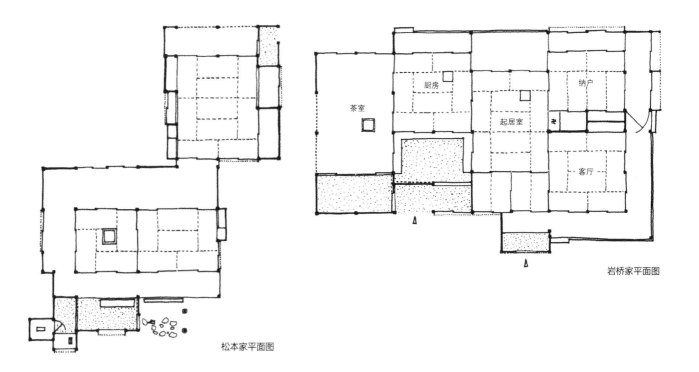

厨房
茶室
起居室
纳户
客厅

岩桥家平面图

松本家平面图

从此，角馆越来越被大众所熟知，可与萩、津和野齐名。大量游客坐着观光巴士纷至沓来。

但问题还是存在的。土屋敷所在的内町的保护已经上了轨道，但作为如今城市主体部分的外町该如何处理，居民的意见尚未达成一致。

外町也保留着一些古老的町屋，宁静幽雅，不能置之不理。在城下町中，町人町也是重要的要素。

另外，在外町还有许多高质量的明治、大正时代建造的洋楼。除了这里，在弘前周边地区也有许多这样值得保存的洋楼。

针对土屋敷街区，如果不再作为生活场所，则可进行"冻结式"的保护；出于吸引观光客的目的，根据条件适当地营造出生活场景也无妨。但町人町是实实在在的生活场所，出于发展旅游的目的也很难取得居民的合意。

所以，以踏实的环境教育为基础，不必急于求成，深入持续地开展民间活动，才是做好街区营造的唯一方法。

岩桥家

士町资料馆

形形色色的土屋敷围墙

如前所述，大多数土屋敷，保留下来的都是外围构造，建筑物本体的保存率相当低。很多地方都号称土屋敷町，访客可以通过外围构造感受一下历史街区的韵味，但就建筑本体而言，并没有什么值得期待的。

因此，接下来介绍一下外围构造中的围墙。这里的围墙，不是按照土屋敷的名气来选择的，而是根据围墙的种类来选择的。

建造围墙、大门和长屋门是武士阶级独享的特权，而最终呈现的形态，则是一方风土孕育出来的产物，具有很明确的地域性。

在西日本，或许是受到朝鲜半岛的影响，土墙在数量上占绝对优势。不过，这其中也有乡村与城市的差异，有的贴了瓦片、非常精致，有的则非常粗糙。另外，同样是西日本地区，太平洋沿岸也自成一格，农村地区多为树围墙或竹围墙，城市则多用石头直接堆砌。这些做法是为了抵御台风。从日本东部到北部，城市多类似角馆，以木板围墙为主；农村是树围墙，具体植物则有所差异。

城下町
1.弘前　2.角馆　3.松代　4.足守
5.安艺　6.杵筑　7.知览

足守

⊙足守
　　足守是木下藩的阵屋町（官员居住区）。茅草屋顶的主屋，涂屋造的长屋门，以及涂白灰、海鼠壁[1]形式的土墙，极具濑户内风情。足守还保留着士屋敷和町屋町的遗构。现在属于冈山市。

杵筑　　　　　知览

⊙杵筑
　　北台·南台地区曾是士町，保留着土墙和长屋门等遗构。（参照"总说"）

⊙知览
　　知览是依照萨摩藩的外城制度建造而成的士町。这里到处可见优美的树围墙和土屋敷遗构。知览还是重要传统建筑群保护地区。

松代

⊙ 松代

　　真田氏掌权以来为城下町，现属于
长野市。现存历史遗构以真田大宅为中
心。长屋门和高大的围墙是木骨墙涂灰
浆，墙的中部是木片堆叠的板壁[2]。

安艺

⊙ 安艺

　　虽然名为安艺市，却是十足的农村。中
世纪时，豪族安艺氏建起宅邸，环以壕沟土
壁，称为"土居廓中"，周围建造了士屋
敷。"土居廓中"现在已经不复存在了，但
武士官邸作为农村聚落得以保留下来。围墙
多用石头和砖瓦堆砌而成，以抵御强风。

⊙ 弘前

　　津轻氏弘前城城下町的仲町地区，即
相当于士町。四处可见花柏围墙和朴素的
药医门。是弘前市内重要的传统建筑群保
护地区。

弘前

1. 在墙上贴平瓦，将瓦片接缝处的灰浆做成
鼓鼓的海参形。日语中海鼠即海参之意。
2. 板壁的一种形式。木片是一层一层往下叠的
（可想象一般的百叶窗叶片的形式），中间
以木条隔开。日语写作"ささら子下见"。

花町

京都之花，茶屋林立的街区
祇园

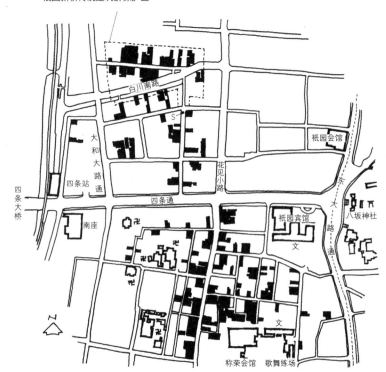

祇园新桥传统建筑群保护区

称荣会馆　歌舞练场

京都府京都市东山区祇园

八坂神社

● 勤王派的祇园，新选组的岛原

江户时代，京都的花町有东边的祇园和西边的岛原。幕末时期，京都里"政治力学"发挥着强大的作用。许多藩士和浪人聚集于此，街头巷尾骚乱不断。勤王派选择了祇园，幕府方的新选组则选择了岛原，作为自己的游乐之地。最终幕府倒台，勤王派变成官军，新选组则落为贼寇。勤王派建立了明治政府，从此祇园繁荣，岛原凋落。可以说是一部鲜活的历史剧。

于是，祇园保住了日本第一花町之位。有能力在祇园潇洒一番也就算是超一流人物了。

因其周边为"祇园社"即八坂神社的门前町，故名祇园。早在镰仓时代，从四条河原到祇园社一带就已有林立的人家。四条河原是歌舞音曲等活动的发祥地，所以，后世的祇园诞生于此也绝非偶然。

但是后来，这一带在应仁之乱中严重损毁，变回了农村，据称这段时期这里叫作"祇园村"。到了江户时代，祇园信仰开始复苏，出现了许多茶店，这些茶店成为之后茶屋的原型。

茶屋，从字面便可看出起源于茶店[1]。现在，一些茶屋还保留着茶店特色，在店铺门口摆放着铺有红毯的台子[2]。

● 祇园发祥地在新桥一带

如今，跨过四条大桥，沿过四条通朝八坂神社方向走的话，在右手边可以看到红墙茶屋"一力"。据传，赤穂浪士大石良雄曾经来过这里。四条通表面上看来是平凡无奇的普通拱廊商业街，唯有"一力"所在之处没有建拱廊，实属幸运。

"一力"的一角，与四条通呈直角相交的是花见小路。这条小路是祇园的主要道路，但往左走，完全看不到茶屋的影子，所见皆酒吧、夜总会等，是霓虹灯闪烁的现代娱乐街。与此相对，往右走，则是一片静谧，茶屋的灯笼发出幽暗的亮光，似乎这才是祇园应有的优雅光景。

因此，很多人一说到祇园，便会认为是从"一力"向右，直到祇园歌舞练场前方的这一带。但其实这一带相较而言比较新，曾是建仁寺的辖地，明治时代以后才开发成花町。

祇园最古老的部分，即其发祥地，是

山矛　祇园祭

从"一力"向左，在花见小路的左侧。虽然现在看起来什么都没有，但不要失望，继续往里走，到了白川边的马路上，便会赫然发现一间间茶屋鳞次栉比，蔚为壮观。据说这里才是祇园兴起的原点。

这里名为祇园新桥，是重要传统建筑群保护区，景观的保护修复工作进展顺利，每年都会进行整修。

毫无疑问这是好事，但如果说祇园值得一看的街道仅有此处，也未免有些悲凉。前文提到的从"一力"往右的那片留有祇园风情的地段，希望也能好好保存下去。

● **祇园祭**

祇园祭与葵祭、时代祭并称京都三大祭典。而祇园祭是其中最具平民味儿的祭典。

说到祇园祭的压轴好戏，当数7月16日的宵山[3]与第二天的山矛（山鉾，祭神彩车）巡游。

宵山由各个街区各自举办，时间是从傍晚开始，最终升华为整个城市的庆典。人们身着充满夏日风情的浴衣聚集在街头，庆祝山车、矛车制作的顺利完工。祭典的前夜充满了欢乐喜悦的氛围。

山矛巡游正式开始后，人们奏起祇园乐曲，22座山车和7座矛车缓缓前行，用半天时间走遍京都市区。这些山车和矛车都制造于江户时代，已被列为重要有形民俗文物或重要文物。

---

1. 茶店是老百姓在街头喝茶、吃糯米团、歇脚的地方。茶屋则可说是茶店的"升级版"，是饮酒作乐的地方。
2. 店前的红色台子，是让客人坐着喝茶、吃东西用的。
3. 宵山指节日前夕的庆祝活动。

黄昏中的祇园新桥，一条名为"切通"的南北向小路

祇园发祥地
重要传统建筑群保护区
祇园新桥

巽稻荷（即辰巳神社）

● **茶屋建筑**

茶屋之中，有的茶屋有院子和宽敞的餐厅，但也有很多茶屋彼此相连，没有间隔。

这种茶屋的平面布局方式与普通的町屋并无两样。与面宽相比纵深很长，所以一楼一般设有内庭，内庭尽头是一个单独的房间。这个房间和二楼空间主要都是让客人使用的。

茶屋的平面布局方面并无多大特色，做法上有着数寄屋[1]的风味，多使用打磨得很光滑的圆木，纤细的建造风格尤其引人注目。

二楼非常高，不是所谓的"厨子二楼"[2]，能够设置成客厅。过去有一段时期，普通的房屋都是"厨子二楼"，但有许多房屋建得会比较高。

在重要传统建筑群保护区中，新桥通两侧的茶屋，均是面宽较小的建筑，鳞次栉比，感觉非常齐整协调。白川南通上白川沿岸的茶屋，位于对面大马路旁民居的里侧，所以房间都是面临河流的。过了巽桥是一条名为"切通"的小路，由于位于纵深长的建筑物侧面，景致与一般的街道不同，分外宁静。

● **居民主导的保护运动**

祇园新桥地区的保护运动始于昭和四十八年（1973），当时是为了阻止在这里建造一座四层大楼。

在这片茶屋的街区，人们结成了"守护会"，并举行集会，这些都是以前没有发生过的。后来，经过政府介入、与周边地区协调等，昭和四十九年，基于《京都市市街地景观整备条例》，该地区被列为特别保全修景地区；昭和五十一年入选国家重要传统建筑群保护区。可以说保护运动有了实质性成果。

由于酒吧、夜总会等娱乐场所的涌现，茶屋的经营受到了极大的影响，出于这种危机感，才爆发了保护运动。但另一方面，也出现了一些反对的声音，例如保护运动会导致地价贬值，等等。经过重重讨论，居民们最终得出结论，地价上涨会引来更多的大楼投资建设；地价贬值也没有关系，反正不想卖土地。于是，这种对经济学逻辑的抵抗成了成功的开端。

● **与担忧相反的现象**

祇园新桥林立的茶屋，几乎都是元治元年（1864）大火之后重建的，是江户时代——且是江户最末期的建筑。尽管如此，在京都城里面，这里毫无疑问是最完整地保留了京都味道的地方，因此保护的意义尤其重大。

原本人们下定决心，坦然面对地价贬值的结局，不料却出现了完全相反的情况——这里在商业上也取得了成功，如今有许多人希望能在保护区内开店。当然，这些新开的店并不是传统的茶屋，而是小餐馆，这也是可以理解的。

正因为是传统老街，所以才能借势打造出京都独有的商铺，人们渐渐理解到了这一事实，这无疑是值得高兴的好事。但若刨根问底，则会发现，这种现象其实是破坏造成的。破坏导致京都的老街越来越少，而稀少才引起人们重视其价值。这么想来，就无法感到高兴了。

得到保护的祇园新桥地区与将其包裹其中的巨大的现代闹市，两种相互矛盾的风景并存，不知是好是坏？

祇园新桥重要传统建筑群保护区的屋顶形状

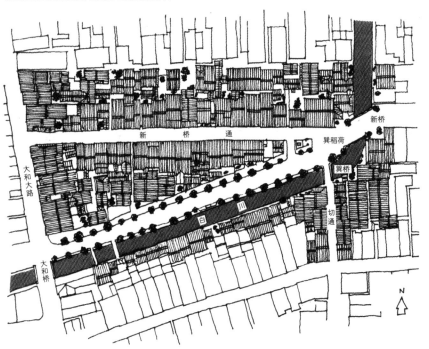

白川沿岸的老街

---

1. 数寄屋即独立的茶室，典型代表有千利休的待庵。

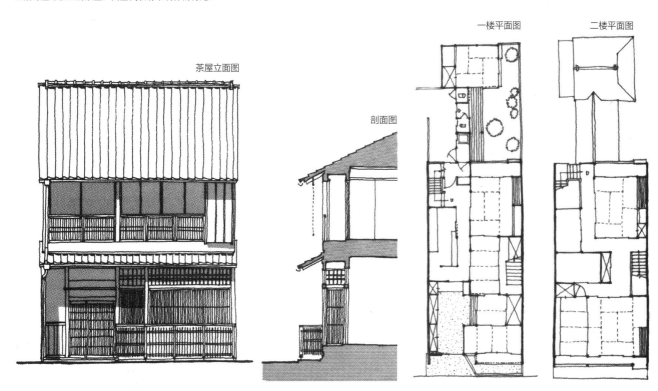

茶屋立面图

剖面图

一楼平面图

二楼平面图

町屋中遮挡视线的屏障

● 京都的垂帘风景

在临街的二楼窗户上挂上帘子（竹帘或苇帘）的做法，并不是京都独有。但若追根溯源，则会发现这种做法确实起源于京都。

常识中，帘是夏日之物，在打开窗户通风的时候，可以不让外边看到屋内的情形，这便是垂帘用处所在。帘户也是如此，帘户就是将帘子嵌入建筑中固定，是夏季的陈设。因此，冬季来到京都的访客看到垂帘恐怕倍感惊讶。冬天还挂着帘子似乎着实不雅，但如果看到每家每户都如此，便能理解此乃京都的风俗。

认为这种风俗诞生于京都，是因为京都是先进的都会，成排的房屋面对面隔街而建，对方家中情况可一览无遗。从保护隐私这一角度考虑，长期挂帘子的做法便可以说是大都会的产物。不仅夏天非常有必要挂帘子，冬天也有必要。综合考虑，京都是起源地。

一览无余的不仅是二楼，一楼也是如此。一楼不仅要挡住视线，还要挡住擅自闯入者，所以自古以来一楼用的是格子。

二楼在成为真正的二楼之前，是所谓的"厨子二楼"，那时无须考虑外来的视线，所以用格子或虫笼窗即可。但在建成真正的二楼房间后，就不自觉地想要开窗通风。可以采用格子，事实上确实有人家是这么做的，但二楼并不需要格子式的"屏障"，而更需要考虑采光问题。这样一来，垂帘的风俗也就诞生了。

● 垂帘风俗是源于花町？

这么想来，垂帘的风俗与正式二楼的形成有很大的关系。

江户时代规定，普通的町屋不能建成两层楼，所以出现了房屋面向马路的这边是"厨子二楼"，而背面则是正常的两层的独特造型，称为"表屋造"。

但是也有排除在外的建筑，比如旅馆和烟花巷是允许建造两层的。没有两层的话根本无法揽客做生意。

虽说祇园新桥的茶屋不算特别古老，但毕竟是江户时代的。茶屋在当时是属于可以建两层的建筑。

作为花町的建筑，必不可少的就是阻挡视线之物。所以，垂帘的风俗很有可能诞生于此。

从而可以推测出，当普通的町屋也逐渐普及了正式二楼时，垂帘即成了京都普遍的做法。

但是，或许仅有垂帘来作屏障还嫌不够，漫步祇园可以看到，许多町屋在垂帘的基础上又做了加固的防护，非常有趣。

最常见的茶屋正面，一楼是连子格子，二楼是帘子

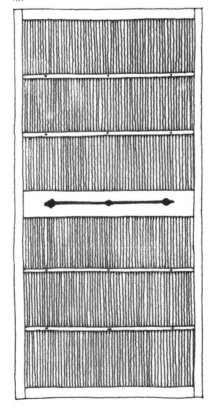

帘户

二楼垂帘中兼作遮挡视线的栏杆

立在一楼屋顶上的板墙

没有连子格子，采用小型"出格子"（凸出的格子）
和"犬矢来"（墙角约半米高的弧形屏障）的房屋

沿河设置的板墙，有防盗功能

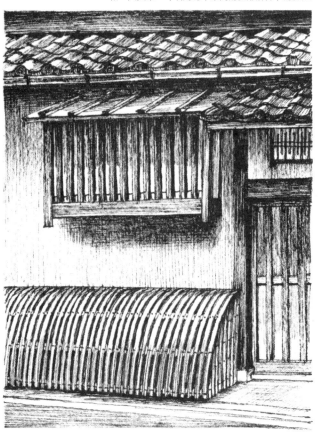

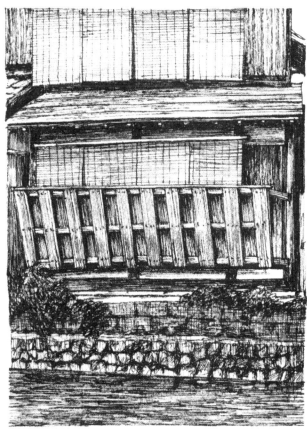

建筑物的多层化
从平房到三层建筑

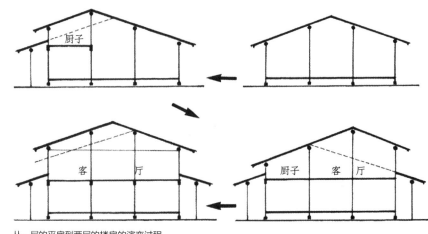

从一层的平房到两层的楼房的演变过程

● 慢慢演变成两层楼建筑

接下来对建筑多层化的演变过程进行叙述。

在很长一段时间里，日本的房屋都是平房[1]。这是因为用立柱支撑屋顶的构造方式有一定限制。如果是西洋堆叠建造的方式，只要墙壁够厚，房子可以盖得很高。所以在西方，多层建筑出现得很早。而日本并不是利用墙壁而是利用立柱进行支撑，要建造高层建筑非常困难。

无论是金阁寺还是飞云阁，安土桃山时代以前，日本的两层楼建筑都只是在一楼的屋顶上加盖二楼，很难说是真正的两层构造。至于后来出现真正的两层构造，城堡建筑的发展可能是直接原因。但是，初期的城堡，从外观上看也只是在一楼的屋顶上加盖二楼。观察犬山城、丸冈城就

会发现，天守阁最上层看起来就像是叠架于屋顶上方。

一般民居向两层楼演化的过程也是相当缓慢。以町屋来说，应该是（经历了如下阶段）：首先是将面向马路一侧的屋顶抬高，建成"厨子二楼"。接下来是将背面的屋顶抬高，形成真正的二楼空间。再接下来才是将"厨子二楼"抬高成完全的二楼空间。整个过程恐怕花费了200多年的时间。

如前所述，民居向两层转变是在旅馆、花街建筑的带领下完成的，而三层建

筑的出现也是如此。这一时期，即大正到昭和初期，旅馆建筑引领了建筑物向三层楼转化的进程。现存的木构三层旅馆即是这一时期的建筑。

如果没有昭和年代的战争，以及战后《建筑基准法》的制定，或许木构三层住宅会更早地普遍。然而这就是历史法则。虽说时间推迟了，木构三层住宅终于还是发展起来。

● 箱形楼梯

日本的房屋在很长一段时间里都是平

岐阜的町屋剖面图　临街表面一侧是"厨子二楼"，后部是真正的二楼

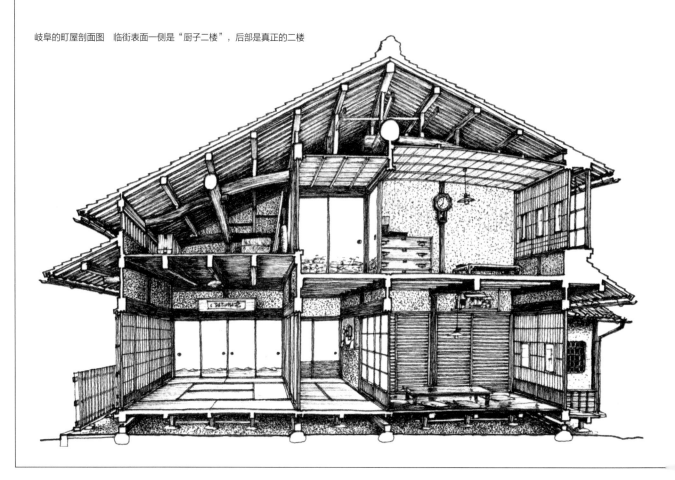

房，所以一直把楼梯叫作"梯段"，用类似梯子的东西将就一下。老房子的楼梯很陡，每阶的高差很大，爬上爬下非常危险。

这其中，箱形楼梯或许是较理想的工具。上下并不容易，依然存在一定的危险，但是箱形楼梯的外观仿佛橱柜，许多作为家居用品也美观耐看。

那么，为何会出现这种造型奇特的楼梯呢？

有一种奇怪的说法，可供大家参考。当时禁止建两层楼的房子，所以人们就想出了一种办法，房子表面看来并无异样，但里面却偷偷建造了二楼。当差的对这种情况也只是睁一只眼闭一只眼。但既然有了二楼，楼梯就必不可少。

只是，建了楼梯，就等于告诉别人上面还有第二层，所以在这种情况下箱形楼梯应运而生了。

一旦有人问起来，可以辩称，这不过是楼梯形状的橱柜，不是什么楼梯。这显然是"睁眼说瞎话"。不过所谓当差的古往今来皆是如此，即使明知是"睁眼说瞎话"，只要让他们面子上过得去，他们也就不会过多地追究。

这只是坊间的传说。不过在江户时代，这种说书段子般的事儿似乎也有可能发生。

---

1. 此处平房特指只有一层的房屋，日语为"平屋建て"。

三层木构房屋林立的城崎温泉街道

环绕型箱形楼梯

箱形楼梯

⊙ 箱形楼梯

一般的箱形楼梯是直直地通到二层，共有七八级左右，长度约1间（1.8米），每一级都很高，坡度极陡，远远背离人的尺度。而且，有的楼梯做成了环绕型的，底部面积只占半个榻榻米。非常危险，令人感觉不掉下来才是难事。

町屋町

从城下町到町人町

高山

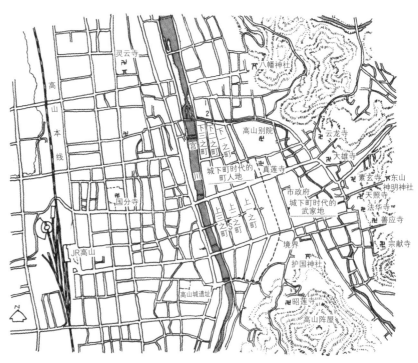

高山市街图　　1. 吉岛家　2. 日下部家

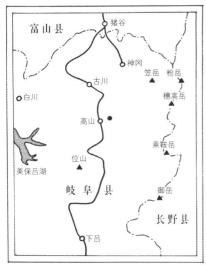

岐阜县高山市

● 持续约百年的城下町时期

丰臣秀吉的部下金森长近打败占据此地的三木自网，天正十六年（1588）起在此辟城下町，这便是高山的起源。

城堡位于高山街道南端的小山上。在三木氏之前，这里是飞骅守护京极氏的家臣高山氏居住过的天神山遗址。因而此地在当时被命名为高山。城下町里的居民多是从早期三木氏城下的石谷、七日町一带招揽过来的，据说起步时规模就达到了700多户人家。

士町位于与城山相接的高台上，町人町位于宫川沿岸的低地，从高台由近至远分割为一之町、二之町、三之町三条带状区域。士町与町人町之间有山崖，所以道路都是坡道。寺庙则分布在士町北边和东边一带，多位于河流经过的洼地对岸的山脚下。

但是，金森氏的城下町时期仅持续一百余年便宣告结束。元禄五年（1692）金森氏移封至出羽国上山藩，之后，飞骅国成

为幕府直辖领地即天领，一直到明治时代。

这一时期，高山城逐渐破败，士町也逐渐转变成町人町。成为天领后重新设置了代官所"高山阵屋"，位于隔着宫川的町人町对岸。飞骅郡代[1]在此居住理政。

● 町人町的繁荣

不再是城下町后，高山的城堡和士町便逐渐消失。反之，由基于三町构成的城下町时期的町人町，日后成了飞骅地区的中心，逐渐发展壮大。

虽然金森氏治下的城下町时期很短，但是他带来的京都文化在此生根发芽，给当地带来了很大的影响。此外，以前飞骅以北陆的越中经此地的道路为主要干道；而金森氏往南跨过宫峠，在上游叫作益田川、下游叫作飞骅川的险阻溪谷间开辟了新的道路，可与中山道相连，功绩卓著。在这样的治世里，高山的商业活动不断发展壮大，以人称"旦那[2]众"的富豪们为中心的，支撑着这种繁华的高素质的町人

文化在逐渐形成。

现在的高山的街道，主要分为昭和后城镇化的宫川以西地区，以及城下町时期以来的宫川以东地区两大部分。其中，宫川以东三町仍保留着最古老的第一代町人町，以及第二代由士町转变而来的町人町的样貌。高山阵屋仅残余一部分，通过近年的复原工作，已逐渐能看出其全貌。阵屋前的广场每天都有早市，从这里到上三之町的地带已经成为旅游观光的中心。

从市区略往西去，有一个"飞骅民俗村"，是移建、保存了民居的文化园，虽是新建的设施，但也值得推荐。园内利用山坡斜地建设而成，保留了原生态的自然环境，合掌造、木板屋顶的民居等散布其中。无须奔波之苦，在这里即可轻松饱览以农家为主体的独特的飞骅民居。

另外还有一个新的设施，即"屋台（庆典道具）会馆"。通常只能在举行庆典时看到的屋台，在这里常年展出数台，可以随时参观。

内藏机关的人偶

庆典活动

● 町屋的风貌

可以说，高山的民居几乎都是采用平入的形式。其原因，一是当地房屋的屋顶都是木板铺制的；二是街道布局非常紧密；三是冬天有积雪。现在多为瓦屋顶或铁板屋顶，但从屋顶和缓的坡度可以看出，过去铺的应该都是木板。

町屋正面有坡度和缓的屋檐向外伸出，所以从马路上看不到屋顶。另外，一楼通常安装有厚木板做的遮篷，造型非常独特，引人注目。

这里的房屋极少采用藏造和涂屋造，大多是柱子外露的"真壁造"。如前所述，这里的老屋的二楼也是"厨子二楼"，新房子的二楼则是真正意义上的二楼，二楼正面均装有细密的连子格子。与之相较，一楼使用的则是非常不规整的格子，很有特点，里面是帘子和障子。

房间布局方面，进入房屋是狭窄的土间，因为上方是"厨子二楼"，所以很阴暗。但是，往里走则逐渐变得宽敞，上部是吹拔空间（挑空），可见梁架结构。有时能看到二楼的拉门。以前，这里通过侧面墙壁最上方的窗户采光，现在则多通过天窗。天窗多为玻璃盒状，向外凸出，即使有积雪房间里也不会太昏暗。这种玻璃盒状的天窗位于屋顶的最高处，从马路上也可以看到。土间的里端再次变得狭窄，经过厨房可通往内庭。房间全部位于土间的一侧，排成一列或者两列。规模大的房屋在布局上会有所变化，但从整体上来说还是土间型町屋。

● 高山祭

与古老的街道齐名的有高山祭，每年两回，分别是春天的山王祭和秋天的八幡祭。祭典时，华丽绚烂的屋台在市区巡游，春天12台，秋天11台。这些屋台，通常保存在专门的仓库里，而这些屋台仓库也是赋予街道变化的要素之一，这一点不能忘记。

屋台由名为"屋台组"的居民组织进行维护和管理，从江户时代以来，祭典活动就一直由该组织负责运营。

高山祭期间，游人如织。庆典之所以令人感动，是因为以屋台组为核心的居民组织以及全市民众都参与到了其中，而并非为了发展旅游而做的表演。

在庆典期间，家家户户挂出灯笼，把临马路这边的格子拆下来，让房屋前厅也成为庆典舞台的一部分。人们或统一着装，或打扮华丽，享受庆典时光。白天，屋台组成队列在市区游行，在广场展示机关人偶；到了傍晚，则分头各自踏上归途，回到仓库中。庆典活动期间，屋台仓库不关门，彻夜通明。夜里，走在满是灯笼的街道上，观赏微光映照下的屋台，可谓高山祭的独特风景。

---

1. 郡代，江户幕府官职，负责幕府直辖地的行政。
2. 旦那，对男子的敬称。

033

雪花飞舞的上三之町

相邻而立的
重要文物
日下部家和吉岛家

● 这两栋民居构成了一条街

从高山最古老的二之町往下走，跨过纤细清澈的江名子川，就来到了大新町。左侧两栋宏伟的民居构成了壮观的街景。这两栋民居分别是日下部家和吉岛家，均被列为重要文物。

因为这两栋民居宏伟轩敞，仿佛构成了整条街，但其实它们还是和一般的町屋一样，房间纵深很长，里面几栋土藏等建构一直向内延伸直至河边大街。

日下部家是明治十二年（1879）的建筑，吉岛家稍微新一点，建于明治四十年（1907）。

● 相似之处颇多的两栋民居

这两栋民居在构造上非常相似：都是瓦顶、切妻平入式，临路一侧有"厨子二楼"，土间、厨房、厕所上方采用敞阔的吹拔设计，内部的房间同时与马路侧的庭院和内部的庭院相邻。

在这种情况下，我们更有必要仔细探寻一下两者的不同之处。比如，从外面看，日下部家二楼屋檐下有外露的挑檐枋，而吉岛家则只有简单的檐椽。

"厨子二楼"的窗户均为连子格子，但是日下部家的玄关上部有变形的栉形窗。吉岛家墙壁上有许多穿枋，但是日下部家没有。

一楼的遮篷没有什么太大的区别。此外，玄关上方做成凸出的细格子，下方是

大格子，等等，形状上有些不同，但没有实质性区别。

两者基本上大同小异，但总体上来看，日下部家比较新，吉岛家比较传统，而两者实际的建筑年代正好与之相反，可见表象并不可靠。

二楼房间中的"次服装间""主服装间"[1]是这一带的特有称呼，语源不详。据说以前分娩时只能在这个房间，另外也做收纳衣服之用等，由此看来这里或许是女性使用的房间。

房间布局上，吉岛家的佛间里侧有书库，书库带前厅；而日下部家的仓库都设置在主屋后面。

吉岛家书库的墙壁还兼作为"火垣"（防火墙）之用。日下部家虽然没有书库，但是也有"火垣"，立于两家之间。所谓"火垣"，是用泥土砌成的又高又厚的墙壁，高过屋面，顶部较宽且覆瓦。

平面图　阴影部分：二楼

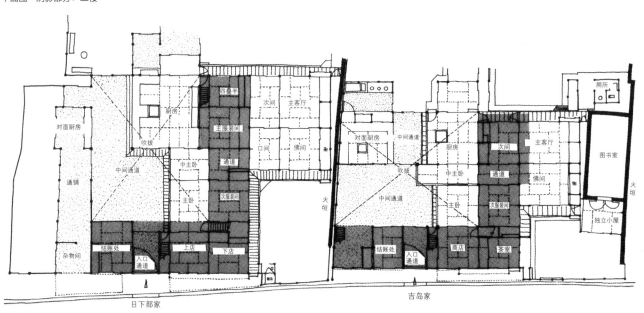

日下部家　　　　　　　　　　　吉岛家

立面图

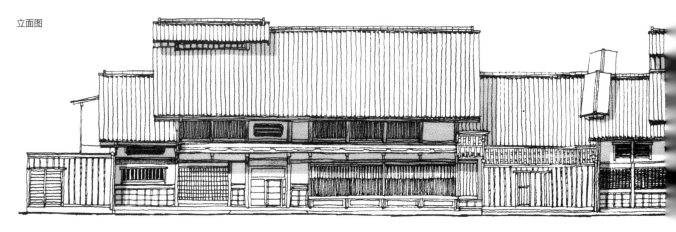

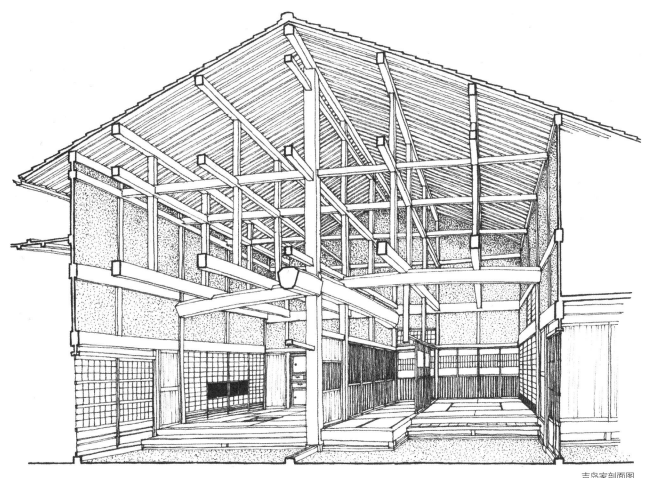

吉岛家剖面图

● 壮观的吹拔设计

然而，这两栋民居最让人叹为观止的是其吹拔部分。

吹拔部分一直延伸到野地板（铺在椽上的木板）里侧，屋顶梁架完全暴露在外，但不同于普通农家那种不加修饰的粗犷，这里外露的梁架是为了特意展示出来而精心打造过的。

仔细观察吉岛家，屋顶骨架很长，立于交叉组合的粗横梁之上；未使用穿枋，几乎全部采用方材，方材中间彼此衔接。因此有一种非常干净的结构美。

另外，这些构材皆以手刨加工，表层涂上溶有铁丹的油漆精心制作而成。

这些吹拔设计中值得观赏的地方还有一处，即墙壁上方的高窗。窗户比较大，安有纸拉门，手是够不着的，所以借助轮滑用绳索上下拉动。这种位置的纸拉门容易淋湿破损，所以为了使其更防水耐用，会事先对其进行过油处理。

造型相似的两栋民居比肩而立，虽难分高下，却难免有好恶之分。喜欢吉岛家的人似乎更多一些，或许是因为吉岛家的构造更加明快。

---

1. 原文分别是"かづき"和"くちかづき"。

布局图

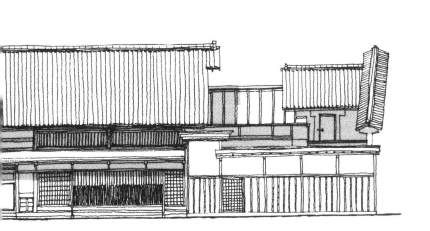

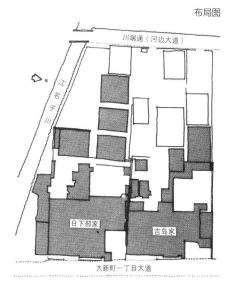

拆去格子的町屋 为改善环境 做出的努力

● 独特的格子之町

如前所述，高山的町屋一楼靠马路一侧安有粗犷的大格子。庆典活动的时候拆下，让店铺也成为庆典的舞台。对此再稍微详细地介绍一下。

首先，这种粗犷的大格子有四种形式，有的仅由纵向木条构成，有的加入横木条形成纵向的长方形眼儿，有的是长宽一致的正方形眼儿，也有上部长方形、下部正方形的组合式的。

不论哪一种形状，这种格子里头都会搭配垂帘。格子主要是用来避免坏人进入，而帘子则是用来遮蔽外人视线以及雨雪。帘子往里间隔少许则设置纸拉门。

这种格子的设置，也可见于富山地区，告诉我们飞驒文化是在与北陆的关联中形成的。

漫步在格子绵延的街道上，可以窥见其中明亮的竹子的色彩，从而让人感到这里的格子建筑比起一般的格子建筑更为轻透，但依然是闭锁的。庆典时把格子拆下来，街道便豁然开朗，充满跃动的生机。这种变化非常棒。

此地有"仕舞屋"这么一个词，意思是"不再做生意的人家"。这个词与格子

不再做生意的人家

有着密切的关系。装着格子的房屋是"仕舞屋"；拆掉格子、让店面对外开放的房屋就是商铺。"仕舞屋"和商铺之间的差别仅此而已。或许这是因为人们一直在保持道路统一的美感。这也是高山的格子给我留下的思索。

高山的格子

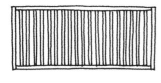

"厨子二楼"的格子

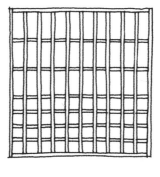

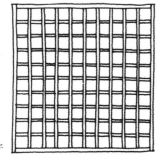

一楼的格子

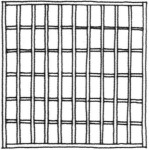

● 整顿环境，提高观光质量

如果手里剩下的只有这些历史街区，没有其他可以谋生的途径，那么，人们自然会想到利用历史街区来发展观光旅游。但是，旅游开发中隐含着其他破坏因素。意图保护最终却对造成了破坏的，这样的例子屡见不鲜。

如今，高山已经是数一数二的旅游胜地了。一年之中游客络绎不绝。然而，能否说这样就可以高枕无忧了呢？事实上，有人感叹高山已经堕落成一个恶俗的景区，要举出证据的话确实也非常容易。但是，那个往日人烟稀少的高山终究一去不返。否则，或许连这些古街都无法保存下来。

对已经相当成熟的高山来说，现在要做的是向高水平景区迈进。这是高山接下来在街区营造中必须面对的课题。

现在，高山的市民和政府均已经意识到这一点。虽然进展比较慢，但是我每次造访高山都会发现，这里正在慢慢地变好。

目前列入重要传统建筑群保护区的，是上三之町和上二之町的一部分，这部分的保护工作自然是万无一失。不过，以此为中心的周边区域在进行建筑物景观修复，其中有些设计不免让人心生疑问，但

车站前的一处小景观

不再做生意的人家，庆典活动中的情形

阵前屋的景观

总体而言值得肯定其努力。

在重要传统建筑群保护区附近建造的市营停车场的设计就非常值得称赞。这个停车场是一个钢筋混凝土的两层建筑，灵活地利用了此处的地形，用土墙围合，所以看不见车辆。尽管车流会对环境造成破坏，但我们总不能连车辆的存在都要否定。该停车场的造型可以成为其他历史环境保护的范本。

同时高山也在推进景点的建设。所谓景点，指的是对街道风景有重要价值的地点。不论多小的地方都可以打造出景点。

这里举两处为例。第一处是此地最大的景点，即阵前屋前的早市广场和连接历史街区的中桥畔的广场。这里是旅游观光的中心地带，在庆典活动时会有许多屋台聚集于此。广场铺装非常漂亮，点缀以木质凉亭、花草，是休闲的好去处。同时在设计上也考虑到了历史环境。

第二处是一个小景点。位于高山站正前方，这里从景观上看起来并不具有高山的特色，但是设了一座用石栏杆围起来的石灯笼。体量虽小，却可以令人感受到在景观修缮工作中的匠心。

市营停车场

町屋町资料馆

街道上的平入
和妻入

● 平入的街道占多数

首先要再次引用一下（日本）国语词典中的解释。日语中的"町並み"，指的是"街道上的人家屋檐连着屋檐的样子"。这里的"屋檐连着屋檐"，指的是由平入式的房屋组成的街区。有的街道上的民居采用的是妻入式，屋檐并没有相连，但这并不影响其作为街道的实质。因此，这个定义并不完备。不过，平入式的街区确实占多数。

之所以平入式的房屋占多数，是因为如果房屋密度大了，一旦下雨或降雪，妻入式的房屋会彼此影响；而平入式的房屋，雨雪会落到自家房子前后，所以房子与房子可以紧紧贴着。木板铺成的屋顶通常出檐深远，因此也必然会形成平入式的街区。高山地区便是这种情况。

既然如此，所有地方都用平入式布局即，为何还有少数街区采用的是

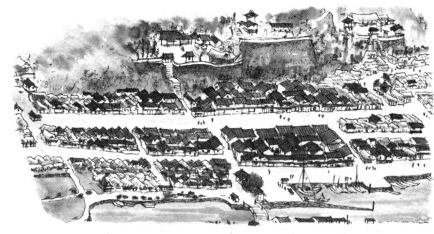

竹原图屏风

妻入式布局呢？比如在暴雪地带青森县黑石就有妻入式房屋，京都府伊根的舟屋、山口县的柳井、爱媛县的宇和、大分县的杵筑和福井县的吉井等都是著名的妻入式布局的街区。另外还有很多地方是平入式和妻入式混合存在的，如广岛县的竹原和冈山县的吹屋等。这样一来，似乎仅以雨雪是无法说明问题的。

● 竹原图屏风

收藏于竹原赖家的古老屏风，精致地描绘了从高处眺望的江户时代末期竹原町的风景。从这幅图可以看出，处于城镇中心的人家门面宽阔，采用平入式

布局。往城镇边缘走，房屋门面逐渐变窄，妻入式房屋增多。若更往边缘走，门面变得更窄，并从瓦屋顶妻入式变为草屋顶妻入式。

从这幅图可以推测出，房屋门面宽敞则通常为平入式。这或许与屋顶的坡度和高度有关。如果门面宽而纵深相对较短，屋脊的走向自然会与平面长度较长的方向平行。如果屋脊走向为较短的方向，屋顶就会变得过于高耸。

宽阔的门面可能并不是一开始就有的。最初每户人家地块的形状应该都差不多，门面窄而纵深长，想必是后来有的人家财力增长，买下旁边的房屋进行改造

混合式布局的街区　吹屋

平入式布局的街区　大宇陀

等，才令房屋门面变得宽阔起来。这些宽门面的房屋聚集在城镇中心，也是与财力雄厚的富商相匹配的。

另一个可以考虑的因素是铺设屋顶的材料。从竹原图上我们无法进行推测，但是，如果此地房屋的屋顶材料也是按照从茅草、木板到瓦片的顺序演变的话，很有可能平入式是在木板屋顶阶段稳定下来的样式。木板屋顶的房屋如果采用妻入式布局，就必须和邻家保持一定的距离。《洛中洛外图》描绘了室町时代的京都景观，观察这幅图可以发现，街道是以平入式木板屋顶的房屋构成，而房屋规格都比较小。所以可以这么认为，平入式不是由于门面的拓宽，而是由于铺制屋顶材料的变化而形成的。

同样可以考虑，有的街区都是瓦屋顶妻入式的房屋，这些房屋或许是直接从茅草屋顶变来的。

● 入母屋式的屋顶

平入式房屋构成的街道，屋顶基本都是切妻式；妻入式街道，屋顶则多为入母屋式。这或许是因为平侧（檐面）与邻家相连，无法开窗，只好把窗户开在妻侧（山面），并设遮篷（庇）。妻入式房屋必定会在一楼另设一层遮篷（下屋庇），也是出于同样的理由。

因此，在妻入式布局的街区众多的濑户内海沿岸地带，可见到大片的入母屋式屋顶，相当壮观。或许也是因为这个原因，产生了一种乐于把屋顶建成入母屋式的倾向。比如前面提到的今井町就是如此，屋檐彼此相连的情况下通常是切妻式，但在街角，或屋旁是空地的情况下，房子会突然变为入母屋式。或许在过去，入母屋式的屋顶才是人们内心向往的？

不过，现在仍有这种倾向，特别是靠土地致富的暴发户们特别热衷建造入母屋顶。人们以像城堡那样层层叠叠的屋顶为佳，也是这种喜好的一种表现吧。这么想来倒也说得通。

妻入式布局的街区　杵筑

宿场町

山路上的宿场町风姿

妻笼

长野县木曽郡南木曽町妻笼

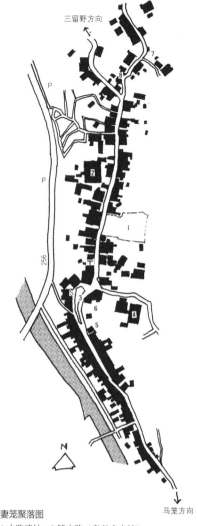

妻笼聚落图
1.本阵遗址 2.脇本阵（奥谷乡土馆）
3.枡形 4.光德寺 5.延命地藏 6.天正年代砦[1]遗址
7.口留番所 8.高札[2]场

木曽路由此开始·樱泽

⊙ 木曽路由此开始
中山道中最艰难险阻的是"木曽11宿"之间的路段。因此，在前后路口立有"木曽路由此开始"的道标，以警示旅人。

● 天下五大道路

庆长五年（1600），德川家康凭关原之战统一天下；庆长八年成为征夷大将军，在其居城所在地江户开创幕府。自此以后，全国的主要道路呈放射状连接着江户。

其中，有俗称"天下五大道路"的五条主干道。为了建设这几条主干道，幕府投入了大量精力建造旅馆、栽种树木、修整路面、设置驿站等。

"天下五大道路"中，首先要提到的是东海道。这条路从江户的日本桥出发，沿着太平洋直通京都，沿途设置有53宿。其次是中山道，这是一条纵贯本州中部核心区的道路，同样是连接日本桥和京都，沿途设69宿。不过，最后的第68、69宿与东海道的第52、53宿重叠。

然后是日光道中，这条路连接日本桥和日光的坊中，沿途有21宿。接下来是奥州道中，这条路从日光道中的宇都宫分出，一直通向白川宿，沿途共有10宿。

最后是甲州道中，这条路从日本桥出

发，经过甲州直抵中山道的下谘访宿，沿途共设45宿。

● 山中的道路或许是最古老的

以上就是所谓的"天下五大道路"。但是，在有东海道和快捷的甲州道的情况下，为何还会有中山道呢？为何不称之为信州道中呢？

对此疑问有这么一种解释。

在古代，从京都到东国的线路中，有一条是东山道。东山道具体经过哪些地方，尚有许多不明之处，线路位置大概与中山道相近，但是避开了中山道所经木曽谷的部分，这部分东山道是从东浓出发，越过惠那山，到达伊那谷，再从伊那谷北上。

山中的尾根[3]道虽然高低落差大、坎坷艰难，但在古代，或许它比靠近海岸的坦途更安全，是当时主要道路。

靠近海岸的平坦地带是冲积平原，在治水能力不足的古代，河流时常泛滥成灾，河道易更，所以可以想见，当时道路

很难固定下来，很多地方是不易行走的沼泽地。与之相较，山中的尾根道则相对稳定。尾根道上多野兽出没，但这也证明了其是安全的。而山中的谷道极其危险，人们不会从这里通行。

于是乎，沾了古代主干道东山道的光，中山道成为五大道路中排名第二的要道。到了江户时代，土木技术得到了充分的发展，东山道时期原本危险的谷道也即木曽谷的道路，取代东山道成为中山道的一部分，变成主要干道之一。

● 宿场町

当然，除了前面提到的"天下五大道路"，还有以其为主干向各地蔓延的道路网。宿场也是如此。不仅有"天下五大道路"的宿场，只要有道路就有宿场。所谓宿场町，是指以宿场为中心建成的城镇，但宿场并非只在宿场町才有。各地的城下町都占据着交通上的重要位置，大多有大道从中通过，因此，城下町内必有宿场。

交通道路和宿场町的完善，彰显着天下太平，人员和物资的流动变得频繁，从而令地区间的交流和经济活动也越发活跃。这其中，不得不提到由幕府制定的

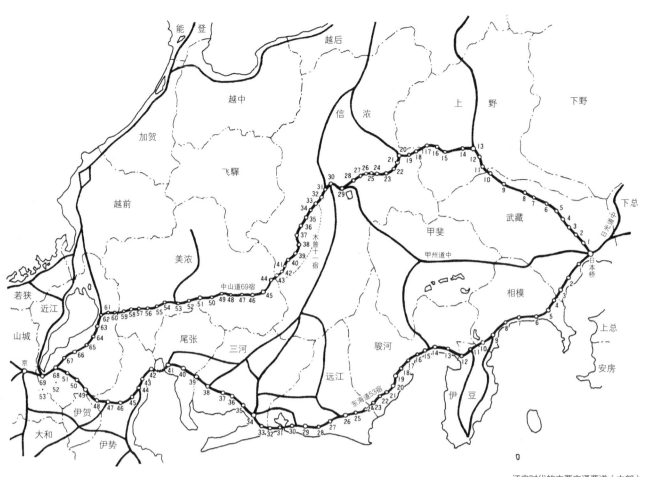

江户时代的主要交通要道（中部）

"参勤交代制"，这一制度也是促进交通和宿场建设的因素之一

所谓"参勤交代制"，是指各地的大名必须在江户和领国轮流居住一年，妻子与长子则必须留在江户。由此幕府可以加强对大名的统制。每隔一年，大名就要率领众多家臣组成"大名行列"，来往于交通要道之上。

● 木曾11宿

在中山道中，将行经木曾山中的部分特别赋以"木曾路"之名，并将这里的宿场称作"木曾11宿"。因为，这一带的道路艰难险阻，但同时风景也是分外秀美。

"木曾11宿"中，妻笼宿和奈良井宿这两处现在还保留着当年宿场的余韵。这两处均被列为重要传统建筑群保护区，保护工作在切实开展。

东海道53宿

1. 品川	28. 见附
2. 川崎	29. 滨松
3. 神奈川	30. 舞坂
4. 保土谷	31. 荒井
5. 户冢	32. 白须贺
6. 藤泽	33. 二川
7. 平冢	34. 吉田
8. 大矶	35. 御油
9. 小田原	36. 赤坂
10. 箱根	37. 藤川
11. 三岛	38. 冈崎
12. 沼津	39. 池鲤鲋
13. 原	40. 鸣海
14. 吉原	41. 宫
15. 蒲原	42. 桑名
16. 由井	43. 四日市
17. 奥津	44. 石药师
18. 江尻	45. 庄野
19. 府中	46. 龟山
20. 丸子	47. 关
21. 冈部	48. 坂之下
22. 藤枝	49. 土山
23. 岛田	50. 水口
24. 金谷	51. 石部
25. 日坂	52. 草津追分
26. 挂川	53. 大津
27. 袋井	

中山道69宿

1. 板桥	28. 和田
2. 蕨	29. 下诹访
3. 浦和	30. 盐尻
4. 大宫	31. 洗马
5. 上尾	32. 本山
6. 桶川	·33. 贽川
7. 鸿巢	·34. 奈良井
8. 熊谷	·35. 薮原
9. 深谷	·36. 宫之越
10. 本庄	·37. 福岛
11. 新町	·38. 上松
12. 仓贺野	·39. 须原
13. 高崎	·40. 野尻
14. 板鼻	·41. 三留野
15. 安中	·42. 妻笼
16. 松井田	·43. 马笼
17. 坂本	44. 落合
18. 轻井泽	45. 中津川
19. 沓挂	46. 大井
20. 追分	47. 大久手
21. 小田井	48. 细久手
22. 岩村田	49. 御岳
23. 盐名田	50. 伏见
24. 八幡	51. 太田
25. 望月	52. 鹈沼
26. 芦田	53. 加纳
27. 长久保	54. 河渡

55. 美江寺	
56. 赤坂	
57. 垂井	
58. 关原	
59. 今须	
60. 柏原	
61. 醒井	
62. 番场	
63. 鸟居本	
64. 高宫	
65. 惠智川	
66. 武佐	
67. 守山	
68. 草津追分	
69. 大津	

·为木曾11宿

中山道
四十三次目
妻籠宿

枡（桝）形周边早春的妻笼宿

复原成
江户时代模样的
两间旅馆

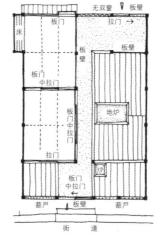

上嵯峨屋平面图

下嵯峨屋平面图

● 偏僻的旅馆

在妻笼，有两家复原成江户时代模样的旅馆，常年开放，可以自由进入参观。

一家叫作"上嵯峨屋"，据称建于江户时代中期，是旅馆建筑发展到中级阶段的产物。房间布局有点特殊，房子正中央是土间通道，将房屋一分为二。正面右手边是配有地炉的木板房间；左边则是两间铺着榻榻米的房间。

另一家是"下嵯峨屋"，土间通道位于房子一侧，另一侧，铺设木地板的房间在前，铺设榻榻米的房间在后。虽建筑年代不详，如果上嵯峨屋是中级阶段的旅馆的话，下嵯峨屋的级别应稍低一些。

但是，如果说这两间旅馆是天下中山道的旅馆的话，多少会令人有些惊讶。江户中期的旅馆不应该比这两家旅馆要好一些吗？或许"木曾11宿"对行路的客人来说还是有点敬畏的地方。

这两间旅馆都是木板屋顶，榻榻米房间部分有天花板，但是木地板房间和土间部分则没有天花板，房屋结构一览无余。这是这一带民居常见的做法。

在室町时代以京都为中心的时期，木板屋顶是京都等地常见的建筑样式。与早期的茅草屋顶一样，过去非常常见，但是

考虑到城市防火，慢慢地，瓦屋顶增多，仅在盛产木材的地区能看到木板屋顶。信州地区多木板屋顶就是这个原因。

木板屋顶的材料主要是栗木板，切割成长约56厘米，宽12厘米，厚约9毫米的薄板[1]。将这些薄板平铺在呈水平方向铺着的椽上方的木板上，每八片错位叠铺在一起。屋脊上特别使用比较长的薄板，并配合其角度进行弯曲，跨过屋脊。

木板屋顶的坡度相对比较缓和，只有2.5寸到3寸之间。因为屋顶上的木板只是重叠排列，不使用钉子，仅用木块和石头压住进行固定；如果角度太大，石头容易滑落。但是如果角度过于缓和的话又有可能漏雨，所以屋顶的角度就自然而然地确定为这个固定数值。木板屋顶的构造，一般而言母屋间隔为1间（6尺），椽的间隔则为1尺。

下嵯峨屋里多使用泥土墙，这可以说是异例，因为在很多地区木板屋顶的房屋多使用木板墙。泥土墙仅用于"上嵯峨屋"墙壁的上半部分。一般使用1尺宽的竖板，紧贴在贯（柱子间的横木）的内侧。而泥土墙的底层则是竹板条。

这两家旅馆靠近街道这一面都使用了"蔀户"。把到门楣为止的开口部分分为三部分，上面的一片往内侧抬起，中间和下面的两片拆下来后，房屋即呈开放状态。柱子上有沟槽。如果想封闭采光，可将中间的一片换成拉门。

---

1. 日语为"へぎいた"，日语中汉字可写作"折板"或"片木板"。即用杉、桧等木材削成的薄板。

上嵯峨屋剖面图

下嵯峨屋剖面图

下嵯峨屋外观

以古宿场的保护为中心，恢复地区活力

高札场

《木曾路绘图》（从左至右的文字：信濃美濃堺〈信浓美浓界〉，まこめ〈马笼〉，津孫〈津孙〉，みとの〈三留野〉）

妻笼・枡（桝）形

⊙《木曾路绘图》

《木曾路・中山道・东海道绘图》（日本国立国会图书馆藏）的一部分，标题中没有指明的甲州道中也在图中。

● 妻笼宿的模样

"木曾11宿"中，只有妻笼和马笼位于远离铁路的地方。离妻笼最近的车站是JR中央西线的南木曾站。"南木曾"是新改的名称，以前叫作三留野。这里也是"木曾11宿"之一，是与妻笼相接的宿场。

从南木曾出发朝着妻笼前进，虽然开始的一段会有宿场风格的房屋，但是首先看到的是大大的高札场，均为复原之物。但是上面悬挂的一些路标是旧时之物，但是已经相当陈旧，内容难以判断。

经过高札场，可一边观看路旁的水车一边往下走，前方是笔直的街道，视野开阔。再往前走，右手边是名为"奥谷乡土馆"的脇本阵[1]。进入其中，会发现有好几个相连的厅堂，造型气派，与前面提到的旅馆简直是云泥之别。脇本阵前面是一片空地，原本是本阵所在地，有复原计划，但届时工程肯定相当浩大。

再往前走，右手边是邮局，并设邮政资料馆。虽然建筑物是新的，但是整体造型和街道上其他建筑非常协调，还有古色古香的邮筒。邮局的前面就是枡（桝）形，道路一分为二，右边的分岔路向下行，但是在不远处的前方又合为一体。前

文提到的下嵯峨屋就在右边的路上。

合流之后的道路呈一条直线，连接起一间间旅馆，道路的左手边是上文提到的上嵯峨屋。再继续往前走，房屋越来越少，左手边是山峦，右手边是河流，妻笼宿到此为止。

● 何为枡（桝）形路

在上文提到的枡（桝）形处，大道一分为二后又合流；弯度较小的是新修的道路，弯度较大的道路则是原先就有的。

这里就是所谓的枡（桝）形。枡（桝）形并不是只有这里才有，在历史悠久的城市里这是很常见的道路设计手法。

道路连续转两个直角弯，若向同一个方向转两次就变成回头路了；所以采取的方法是第二次转弯的方向与第一次相反，形成类似于闪电状道路。

明明道路笔直一些更好，为何要刻意地将之弯曲呢？其原因是为了阻挡视线，这也是出于防卫角度的考虑。

此处的枡（桝）形路给行经此处的人留下了相当深的印象。古画《木曾路绘图》就是最好的证明。虽然只是《木曾路・中山道・东海道绘图》长卷的一部分，但仔细观察妻笼宿（画中名为"津

孙"），会发现图中画有稍微有点夸张的枡（桝）形路。画卷未必是写实的，但就这幅画来说，即使地形等描绘得并不精确，也很好地描绘出了其大致特点。津孙的右手边是三留野，左手边是马笼。从三留野前往津孙的路线，从图中也能看出要先沿着木曾川前进，然后跨过一座小山；同时，从津孙前往马笼的话，从图中也能看出是先要跨过河流，然后走山路。总之，将枡（桝）形路画在津孙是肯定没错的。

● 街道保护的先驱

如今，妻笼已成为著名的观光景点，除了冬天以外，游客摩肩接踵。然而，在昭和四十年左右，妻笼可谓一座"鬼城"。

当时正处于日本经济快速成长的全盛时期，在城市人口急剧增加的同时，农村则面临着严重的人口过疏化的问题。南木曾町也不例外，妻笼地区空房子不断增多，没人居住的房屋最终只能废弃。

该如何拯救这个地区呢？备受人口过疏化困扰的当地政府认为，如果积极引进工厂等大型单位，可以吸引人口在此定居，有利于地区的稳定。然而当地居民则认为，如果这么做，自己独特的文化将会

1. 本阵，是官方指定的大名等下榻的旅馆；胁本阵，即次于本阵、作为备用的旅馆。

⊙ 妻笼邮局

虽然是新建筑，但是其风格保持和老街风格一致，非常和谐。将邮局建造成与周边建筑一致的风格的例子并不少见。公共建筑注意与周边环境的协调性，这在街道建设方面是极其重要的。

妻笼邮局

成为中央文化的附属品。那么，所谓自己独特的文化究竟是什么呢？在这座"鬼城"里，依然保留着古宿场风貌的街道以及丰富的自然环境都是独一无二的。于是，地区保护运动就这样开始了。

虽然现在看来，街区保护运动并不稀奇，但当时的妻笼在没有先例的前提下开始了这个运动，可以说相当有远见。

最初，将废弃的旧胁本阵改建为町营乡土馆，开馆后还申报了长野县文保单位。这是发生在昭和四十二年（1967）的事情。对于文保单位的审查并不限于旧胁本阵，妻笼宿整体都成为了审查对象。可

以说，这都是要归功于居民运动。

经过昭和四十二年至昭和四十三年的调查，妻笼向县里提交了妻笼宿整体保存计划的基本构想，最终，县里决定将该计划列入明治百年纪念活动之一，正式实施。

虽然最终实施的规模比原计划的要小很多，而且花费了3年时间，但是妻笼宿终于找回了昔日的模样。之后持续开展了各种保护活动。于是，在昭和五十一年（1976），该地区被列入了重要传统建筑群保护区。

街区保护，并不是说有法律的保护、

有公共资金的支持，使建筑物得到保护就可以了。因为我们要的不是以冻结的方式将过去保留下来的物品，而是居民日常生活的场所。保护运动要以当地居民主导为前提，行政方面则是在对此承认的基础之上予以协助。妻笼走的就是这样一条道路。妻笼作为街区保护运动的先驱，获得了成功，为全国相关运动的开展做出了极大的贡献。

在这一时期，全国各地陆续涌现了许多自发的保护运动，可以说关于妻笼保护运动的报道为这些地区赋予了勇气，并开辟了互助联动的道路。

宿场町资料馆

茶屋宿和马宿

在各种宿场中，既有妻笼宿那样位于山路上的宿场，也有位于乡村和海港的宿场，以及作为大城市组成部分的宿场。此外，还有被称为"间宿"的，位于正规宿场之间的宿场。在此以茶屋宿和马宿为例进行说明。

首先是茶屋宿。茶屋宿是途中的休息场所，同时也可作住宿之用。翻山越岭的道路，虽然一天之内可以走完，但是由于人烟稀少，路上难免感到不安，所以建造了茶屋宿。赶路劳累或是天气突变的时候可以在此停留休息。

而马宿，顾名思义就是旅人与其牵引的众多马匹一起过夜之处。在盛产优良马匹的东北地区，马宿尤其必要。

茶屋宿也好马宿也好，都是次干道上的宿场，多位于山村或农村，所以一般都同时经营着林业或者农业。

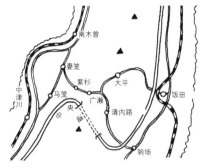

大平宿导览图

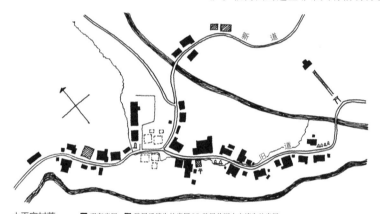

大平宿村落　■ 现存房屋　▨ 移居后消失的房屋　▢ 移居前因火灾消失的房屋

● 茶屋宿·大平宿

大平宿位于大平大道上。大平大道是一条次要大道，连接着穿过伊那谷的三州大道和穿过木曾谷的中山道；大道穿越了中央阿尔卑斯山脉'南部两个山顶，大平宿位于岭间的高原地带。

这条大道上，饭田到妻笼之间大约是40公里，一天之内可以走完。大平宿刚好位于中间，作为茶屋宿是再适合不过的了。同时也兼营着林业和农业。

说到茶屋宿的房间布局，为了给客人提供更多的休息场所，最前面是土间，接着是大厅。在大厅与土间交接处设有地炉。临街面的造型非常具有宿场特色，檐

大平宿

部有深远的出挑。

昭和四十五年（1970），由于人口集体外迁，这里被空置了。居民运动开展之后，这里作为体验古代生活的场所得到了保护和活化。

● 马宿·大内宿

大内宿连接了会津若松和日光大道的今市，是位于南山大道上的宿场。从会津若松到江户，如果走正常线路的话，要先走到白河的奥州道中；而南山大道虽然要跨越几座大山，相当辛苦，但是距离却缩

大内宿村落图

短了许多。如果是运输马匹的话，这样会更加轻松一些。

大内宿的布局，类似于东北地区的民居，整体上房间偏大，尤其是土间特别宽敞。这里是现代非常少见的茅屋屋顶村落，如果就这样废弃的话未免太可惜，所以发起了保护运动，现在已经被列入重要传统建筑物群保护地区，持续开展着各种保护工作。

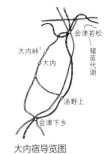

大内宿导览图

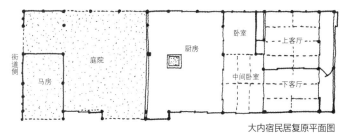

大内宿民居复原平面图

大平宿民居平面图

1. 日本阿尔卑斯山脉由北阿尔卑斯山脉（飞驒山脉）、中央阿尔卑斯山脉（木曾山脉）和南阿尔卑斯山脉（赤石山脉）组成。
2. 峠，和制汉字，可念成kǎ。意为①山顶、山峰；②山口、山隘。

大内宿

宿场町

可追溯到古代的海港宿场

室津

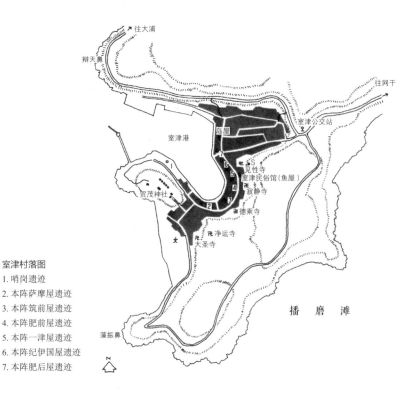

室津村落图
1. 哨岗遗迹
2. 本阵萨摩屋遗迹
3. 本阵筑前屋遗迹
4. 本阵肥前屋遗迹
5. 本阵一津屋遗迹
6. 本阵纪伊国屋遗迹
7. 本阵肥后屋遗迹

兵库县揖保郡御津町室津

● 东为陆路，西为海路

虽名为"天下五大道路"，派头很大，但是从日本全体来看的话，这些道路不过是以江户为起点，并没有延伸多长就终结了。即使是东海道·中山道，也只不过到京都而已。明明再往前还有一条名为山阳道的干线，不知为何未被列入其中。

或许是因为自古以来濑户内海有着安定的船行航道。虽然东海道一线也有太平洋航道，但是波涛汹涌，滩涂多而良港少，手漕船（摇橹船）和帆船航行起来非常危险，因此主要还是走陆路。至于山阳道，现在乘坐新干线经过沿途就会发现，道路不宽，还要穿过一座又一座山。在中国有"南船北马"的说法，在日本则是"西船东马"。

● 濑户内海航线

因为海路更加安全，所以出行选择海路会比陆路更加轻松。濑户内海在造船技术还不成熟，航海技术也很稚嫩的古代开始，就已经是安全的海路了。这里海浪平稳，可以一边观赏众多的海岛倒影一边乘船前进。

在濑户内海航路上航行非常轻松，这是与潮汐变化息息相关的。濑户内海东西狭长，东为纪伊水道，西边则经由丰后水道和关门海峡与外海相连。因此，涨潮的时候潮水经这些水道流入内海，退潮时则逆向流出。也就是说潮汐的退与涨造就了内海水流。鸣门的涡潮非常有名，这也是水流的产物。

船只沿着水流方向下行非常轻松；即

山阳道·濑户内海宿驿图　○宿驿　●内海海驿　□城下

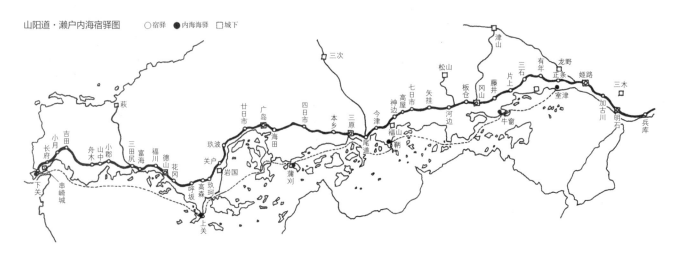

明治时代的室津

使是逆流，潮汐涨退总会轮回，所以只要在港口等到顺流了再出发即可。

在《万叶集》中有许多关于濑户内海航路的诗歌；遣唐使乘坐的船只也是从难波津出发，沿途在濑户内海港口停靠，从关门海峡向中国的东海前进。毫无疑问，自古以来这条航线就是屈指可数的著名航线。

但是，濑户内海作为海路最热闹的时期是始于江户时代，因为到了这一时期，整个日本融合成了一个经济圈，最典型的例子就是北前船。

北前船大多是濑户内海回船批发商的船只，经由濑户内海往西，从关门海峡进入外海，沿着日本海一侧向东北前进，最终到达虾夷地区。船只来往于两地，运送当地特产。比如把畿内地区的特产向北运送，用以充当运费；然后把虾夷地区的特产，如鲱鱼和海带等运回畿内地区。

这些货物大都被大阪的批发商收下，但是随着批发商之间的竞争逐渐变得激烈，有的批发商会在途中等着船只，先行把货物买下。于是，濑户内海的港町建起了许多批发商行。比起当地居民对货物的需求，这些批发商更看重的是畿内地区的客户需求。出于这些原因，濑户内海的港町到处一片繁荣。

● 贸易繁盛的室津

室津，在古代称为"室之津"。"室"的意思是袋状空间，这里指的是当地地形。室津港是大港湾中弯曲形成的一个小港湾，所以这个名字非常贴切。当然，这个名字也包含着预防风浪的天然良港的意思。自古以来，室津港就是濑户内海航线上著名的港口。

但是，比起古代或中世，室津最繁荣的时期是在江户时代。如前所述，主要原因就是商业活动的繁荣。除此之外，还有一个室津独有的条件，那就是幕府的参勤交代制。

西国的大名们组成大名船队，来往于濑户内海。大名居住的是指定的宿场，即本阵；但是并不是所有的宿场都位于陆路的大道上。在濑户内海的海路沿岸也有宿场，其中也有本阵。

室津是海路宿场之一，但它在各宿场之中尤为繁荣，主要是因为此处是海路和陆路的交换点，几乎所有的大名都要从这里踏上去往江户的陆路。如果继续沿着明石海峡和鸣门海峡航行的话，会面临极大的风险。室津是姬路的外港，而幕府长期将谱代大名[1]安排在姬路，可见室津地位的重要性。

室津只是一个小小的港口宿场町，但是在这一隅之地竟然有6户本阵，令人称奇。

通常情况下，本阵在宿场中只有一户，另外作为备用会设置一些胁本阵，但是因为西国的大名们几乎都要在这里等待潮水的涨退，所以有这么多本阵确实也是必要的。相应的，这里也就没有胁本阵了。这或许为了让各大名都有平等的待遇？总之，此处是一处独特的宿场。

据说在港口入口旁边，有一处名为"御番所"的检查站。现已经不复存在，但是据传，过去只要有船从这里进入，都会先派小船前去进行入港前的检查询问。

———————————

1. 指"关原之战"之前就追随德川家康的大名。

室津港

天然良港室津港

从鱼屋追忆
已经消失的
本阵群

往昔本阵肥前屋港口一侧（据川岛宙次的照片）

● 本阵已消失殆尽

令人遗憾的是，6户本阵建筑目前已经消失殆尽。最后一个本阵——肥前屋，于昭和五十年（1975）拆除。再多撑几年，就能赶上保护运动高涨的时期，或许还能留下来，实在令人惋惜。

以下就本阵的整体情况进行介绍，而不限于室津地区。

很多人认为本阵就是高级旅馆，然而事实并非如此。大多数本阵其实是当地权势家族的房屋，目的并不在于经营、赚钱，原则上是无偿提供，仅是一种名誉职位。所以，本阵并不是付钱就可以投宿的地方。

如果被指定为本阵，该家族要在家人日常使用的房屋之外，另外准备设施完善的建筑物和房间。大批人马同时入住，就已经非常辛苦；再加上大名还会携带厨师等人手随行，要自己准备饮食，所以还得为其准备本阵专用的厨房。

建设和维护这些设施已经非常不易，而且所有的工作都是无偿提供，对屋主来说是一大负担。所以有时会向土地的领主递交请愿书，请求经济补偿。

如前所述，通常一个宿场只设一间

本阵，考虑到大名行列的到来会导致房间不够，所以会准备胁本阵备用。如果胁本阵还是不够用，只能用临时收拾的假本阵救急。具体安排据说是根据大名的等级来决定。

● 室津的本阵

室町的环港道路，在海边还残留着一圈，呈马蹄形，往昔的本阵也全部都集中在这一片地方。

这个布局是有意义的，因为本阵的格局就是从海边可以直接进入宅院。宅院连通海边与道路，所以在临道路的一侧也设置了带玄关的门。或许是出于观看海景的考虑，大名的起居室位于上部面海的一方。

肥前屋有六间房，共63叠；保留着图

纸的萨摩屋有七间房，共50叠。可见虽然本阵数量多，但是规模却不大。

● 室津民俗馆·鱼屋

环绕室津港的马蹄形道路中段的山边，保存着原富商丰野家族的宅院，称为"鱼屋"，现在作为室津民俗馆向民众开放。虽然宅院名为"鱼屋"，但据说并不是做鱼类买卖，而是制造烟草罐，销往大阪。具体情况也不甚明了，总而言之是一家批发商吧。

鱼屋虽不是本阵，但在大门之外还有一处叫作"御成门"的入口。虽然叫作"御成门"，但其实也不是大门，只是此处没有格子，仅装有一扇拉门。既然叫作"御成门"，那么这应该是有身份的客人来访时的出入之处。

室津作为大名参勤交代的宿场非常热闹，所以经常会人满为患，住处不够。所以，较大的房屋就会被用作临时宿舍。或许鱼屋的"御成门"就是这个时候使用的。鱼屋的建筑年代不明，但是二楼靠马路一边设有带栏杆的大开口部。一般情况下本阵都是平房，或许是从这个时候开始出现了两层楼的建筑。

在室津，还有一处建筑物可以与之匹敌，叫作"岛屋"。这栋房子的造型和鱼屋很相似，但是规模较小，而且建筑年代难以确定。

虽然，鱼屋作为室津民俗馆得到了复原和保护，但是并不意味着室津所有的老建筑都得到了保护。所见之处，很多房屋完全处于自生自灭的状态，不少房屋眼看就要倒塌。不论是室津的环境还是它的历史深度，都具有极大的保护价值，一直这样下去实在是令人忧心。希望能有积极的应对措施。

往昔本阵肥前屋正面外观（据川岛宙次的照片）

鱼屋正面透视图

箱形楼梯

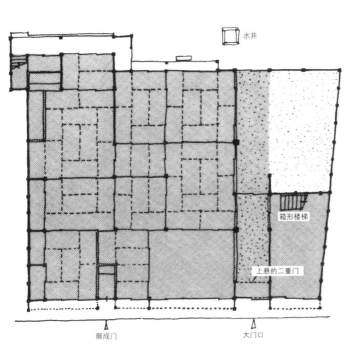

水井

箱形楼梯

上悬的二重门

御成门　　　　　大门口

鱼屋平面图　阴影部分：二楼

拥挤的老街
与潜藏其中的传说

● **过于密集的港町**

　　室津的街道非常狭窄，车子难以通行；不仅狭窄，还有很多T字路、曲折的路等，令通行更加困难；房屋密集，许多小巷车子根本无法进入。

　　虽然对居住在此处的人来说多有不便，但是这却是港町风景的独特之处。而且，不仅是这里，只要是旧港町，情况大抵都是如此。

　　之所以会形成这样的风景，主要是因为平地不足。一直以来，几乎所有的天然良港都是这种情况。良港的必备条件是水足够深，船只容易靠岸；这也就意味着地形陡峭，平地较少。

　　再加上港口沿岸的道路多半弯曲，所以，在密集的环境中，房屋平面就变成了梯形，这一点从前面提到的鱼屋的平面图就可以看出。较小的房屋，就连房间也是梯形。这一点只要观察一下屋顶就可以看出来了。因为瓦片是呈平行线状排列的，所以，观察屋顶一端的形状就可以明白房屋平面所发生的变形。

贺茂神社

● 神社、寺庙和妓女墓

　　在室津港海角尖端的山丘上建有贺茂神社，神社由并排而立的五间社殿组成。相对室津街道的规模，神社的规模可谓相当壮大。据说神社起源非常古老，可以追溯至平安时代。依据是这里曾是京都上贺茂神社的管辖范围。

　　另外，相对室津街道的规模而言，这里的寺庙数量也是格外的多，共有五间寺庙。

　　其中，净运寺是最大的，创建于镰仓时代初期，据传法然上人被流放到赞岐的往返途中曾两次于此地停留。所以这里也是法然上人二十五灵场[1]之一。

　　这里介绍一下妓女友君的故事。据传，法然上人来到此地，用诗歌教诲友君。如今友君墓就立于净运寺门口。墓碑上写着友君是妓女开祖，但妓女一行是否有开祖一说呢？历史上，妓女始于5世纪，而后源赖朝建立了公娼制度。

友君墓

　　总而言之，室津可能有比较多的妓女，而且这一景况可以追溯到中世。这也证明了室津从很久以前开始就是繁华之地。

　　除了友君墓，在这个寺庙里还有另一个妓女——室君的坟墓。而离这儿一段距离的地方，还有一座名为见性寺的寺庙，据传是由室君兴建的。这不禁令人倍感疑惑，为何室君会兴建寺庙呢？或许也可以认为，室君可能并不是指特定的某一个人。在室津，还流传着阿夏和清十郎的故事。阿夏是姬路人，清十郎是室津人。这些故事总让人觉得，室津是一个暗藏着女性执念的地方。

室君塔

---

1. 灵场，神、佛显灵之地，是对宗教设施或高僧出生地、居住地等的尊称。

059

宿场町资料馆

保留着本阵的鞆的街道

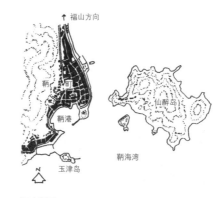

鞆市街图

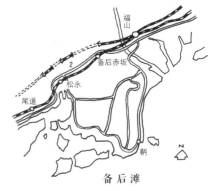

导览图 广岛县福山市鞆町

● 这里自古以来就是海港宿场

鞆位于广岛县福山市，是一个面向濑户内海的海港。这里也有着不逊于室津的悠久历史。

鞆相当于以《魏志倭人传》为基础创作的《寻找耶马台国》中的投马国；鞆也出现在了神功皇后的传说，以及《万叶集》中大伴旅人的诗歌中。

鞆的地形类似于室津。有小山的突出的半岛形成囊状的海湾，是天然良港；同时鞆也是海港宿场。虽然本阵的数量没有室津那么多，却保存了下来。

当然两地也有一些不同之处，鞆是以建造船只所需的铁工业为主。在鞆町入口处有个铁工业区，或许是当地的传统。

穿梭在滨仓间的小路

● 本阵·雁木·金毗罗灯笼

现在的本阵已经成为了鞆町传统老酒保命酒酿造商所有。屋顶用瓦片铺制，一楼和二楼四面都有细密的连子格子，采用涂屋造，相当宏伟气派。入口处的左右两边有对称的唐破风小屋顶，上方也有一个。上方的小屋顶处悬挂着杉叶球，这是造酒厂的标志；而左右的小屋顶则悬挂着印有族徽的灯笼。有大名入住的时候则悬挂有大名族徽的灯笼，因为本阵通常只服务特定的大名，所以灯笼也是由本阵来准备。

鞆町里遗留的江户时代主要古迹，除了本阵外，还有雁木和金毗罗灯笼。所谓雁木，指的是阶梯型码头，鞆町港口靠里的部分全部都是石阶雁木。这些宽阔的台阶面海而建，深入海中；如此一来，潮水退和涨形成的落差都在台阶范围之内。

金毗罗灯笼指的是位于港口突堤前端的石灯笼，起着灯塔的作用。

● 七卿落

在本阵流传着"七卿落"的故事。据说幕末时期，会津和萨摩的改革派发动政变，尊皇攘夷派的七名公卿逃出京都，投靠长州，途中曾在此留宿。这是一家与历史上著名事件有关联的本阵。顺便说明一下，不仅大名可以居住在本阵里，皇族和公卿，以及身份高贵的高僧都可以在此住宿。

以下是三条实美留下的诗歌。

> 世事多无常，流落至鞆港；
> 意外尝竹叶，世间之美味。

从这首诗歌可以看出，公卿即使在逃亡途中还是颇有雅兴，不将愁苦写在脸上，确实很有公卿的作风。但本阵肯定会提供美食，不可能让公卿吃竹叶；不知世间疾苦的公卿形象跃然纸上。

鞆港

鞆本陣

问屋町

濑户内型民居和土藏之町

仓敷

阿智神社拜殿天花

⊙ 罗盘

　　罗盘安装在阿智神社拜殿的天花中央，代表方位的十二支呈圆形环绕排列。罗盘针是用纸糊制而成，用泥绘颜料着色，非常美观。

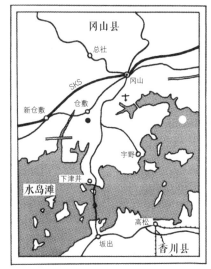

冈山县仓敷市

仓敷川附近市街图

1.大原家（重要文物）　2.大原美术馆　3.仓敷国际酒店　4.仓敷考古馆　5.仓敷馆　6.仓敷民艺馆　7.日本乡土玩具馆　8.乡土资料馆（旧仓敷市政府）　9.常春藤广场（旧仓敷纺织工厂）　10.仓敷文化中心　11.阿智神社

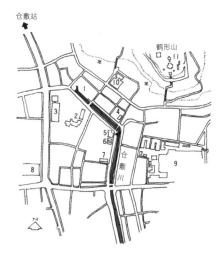

● 曾为河口海港的仓敷

　　有人认为，之所以叫作仓敷，是因为仓敷有很多土藏（仓库）。然而这种说法只猜对了一半。

　　虽然"仓敷"现在只是这一处的地名，但其实由来已久，几乎可以追溯到古代。在日本各地兴建庄园作为领地时，人们为了把年贡米送至都城的领家，沿着水路建起了仓库，并把这些地方叫作仓敷，意为有仓库的地方[1]。

　　现在的仓敷也是如此，其实这里过去的地名是"阿知"。现在的高梁川，一直流淌至仓敷西边很远的地方，最后从玉岛港出海；但是以前的入海口是在仓敷，那时，水岛一带还是海面。仓敷作为建在高梁川入海口的海港，在建成之时便已注定要成为问屋町。

　　如何看出仓敷曾是海港？只要爬上城市后面的鹤形山就会明白。这里有座叫阿智的神社。毫无疑问，"阿智"是来源于仓敷的旧称"阿知"。据说此神社曾有神功皇后驾临，缘起甚古。这里的拜殿天花上安装有用纸糊制而成的十二支环形排列的罗盘。此神社也叫妙见宫，妙见是星辰信仰，与航海有着密切联系。

　　另外还有一点，在拜殿旁边立着灯塔，这种大小对仓敷港来说已经够用。此山只有40米高，但是从此处却能瞭望到整个弯进陆地的海湾。

● 天领（幕府领地）的问屋町

　　虽然叫作仓敷，但是直到近世，还是野草丛生的农村。据说宇喜多秀家在此处建堤坝填海造田，为此处建造城镇奠定了基础。而且，丰臣秀吉出兵朝鲜时，秀家率领水夫也参与到了其中。

　　据说，这些水夫的身份并不只是单纯的船工之类，而是拥有一定量船只的海运商。

　　正因为有这样的基础，在关原之战中获得胜利的德川家康才会把这里作为幕府的直辖地——天领。

　　民间故事中此地似乎出了很多恶官，实际上，将军领地治理得比藩领要好，也更适合生活。藩领要是陷入财政危机，通常年贡率也会不断增加。

● 古禄·新禄

　　仓敷的人口，在元禄年间为3800人，明和年间为6800人，天保六年为7200人，在短短的100年里成倍增长，其良好的发展态势可想而知。

　　问屋町的发展培养了富裕的商人阶层，在江户时代前期出现了"古禄"十三家，他们是领导者，担任町官职责。但古禄最终衰落，取而代之的是"新禄"二十五家的兴起。这是18世纪后半期以后的事了。留存至今的仓敷街道正是这些人建造的。

海鼠壁 仓敷川沿岸街景

● 仓敷的街道与民居

由古禄建造并保留至今的是本町的宫崎屋井上家，房屋改造增建的痕迹很明显，比如二楼窗户配有防火门板，这一点和新禄时期的房屋显然不同。

新禄时期的民居，如今成了仓敷街道景观的重要构成部分，其造型大致如下：屋顶是入母屋式屋顶，但从构造来看却是切妻式；屋顶砌瓦，二楼为"厨子二楼"；装有俗称仓敷窗的格子小窗；一楼的连子格子则有粗有细。

这种造型中有仓敷特有的部分，但总体而言，是濑户内一带常见的民居造型，或许更可以称之为濑户内型。一般都认为濑户内一带是民居的先进地带，所以可以有意识地关注一下。

而土藏的特色是乘马式纹理[2]海鼠壁。海鼠壁的样式繁多，仓敷的海鼠壁则一概为乘马式纹理。城中心曾是运河仓敷河沿岸，狭窄的小巷从那儿伸展至城镇内部，很多土藏都在小巷深处。有的路上有两列长长的花岗岩铺路石，那便是货车送货至土藏时走的路。

灯塔

---

1. 仓敷，有仓库的敷地。敷地，指建筑物占用的土地。
2. 乘马式纹理，馬乗り目地，即砖瓦错缝拼贴形成的纹理，参考第100页。

曾是海港的仓敷川及周边街景

以土藏为防火墙
的豪宅
旧大原家

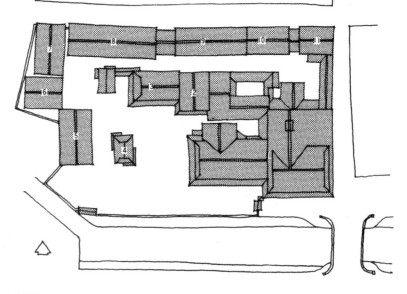

布局图
1.主屋 2.内仓 3.内客厅 4.茶室 5.西仓 6.壬子仓 7.北仓 8.内中仓 9.中仓 10.新仓 11.仓

● 新禄·大原家

听到仓敷，很多人都会想到大原美术馆。这里的大原典藏很有名，因而这里也是仓敷观光圣地。

但是说起仓敷，不能忘记实业家、知识分子大原孙三郎、大原总一郎父子两代人的功绩。他们重视仓敷积淀的文化，并努力将其作为现代之物使其再生。大原家族是新禄之一，不曾失去这里的领导地位，甚至可以说是最后的新禄。

大原美术馆的前方，跨越仓敷河的今桥左边有座雄伟的宅邸，那便是大原家的宅邸。现在为法人所有权，被列入重要文化遗产。

根据记录，这座宅邸的主屋是宽政八年（1796）所建，但实际上或许没那么早，可以认为是文化时期即19世纪初所建。

由于构造非常好，到现在都没有变样，仓敷民居的特点全部体现在这座宅邸中，可以说它是仓敷民居的代表。

土藏似乎成了偌大的宅邸的围墙，从两个方向将主屋包围起来，所以有了防火墙的意义。

● 大屋顶设计成"T"字型

主屋中，客厅和新客厅朝庭院方向延伸，在内仓的里边添置内客厅，由于进行了反复的增建改造，房间布局变得非常复杂，但复原过的最老的部分格局并不复杂。

即为单侧土间通道，两列客厅的格局，是常见的町屋格局。

按房间的布局，有土间的就是给客人准备的，越往里就是日常使用的地方。因而房间等级也是越往里就越低。客厅一列也同样有尊卑等级之分，但是离土间越远等级越高，就这家来看，与格子间相邻的房间，在老的构造中是等级最高的厅。从外观上也能看出来，这间客厅的格子做工精细。

为了使客厅和新客厅比老构造中的客厅规格更高，因而将其向外凸出，后方的纳户亦向外凸出，对此从上述房间用法来看应该可以理解。

然而有趣的是，这栋面阔7.5间，纵深8间的建筑物，至进深4间为止屋脊是与面阔平行的，往里4间则在客厅列的中心与进深平行。土间部分的屋顶是主屋屋顶的延长。屋顶都是梁间4间，因此呈"T"字型的屋脊高度相同。这种屋顶形式与房间布局一致，非常有趣。

这种构造在仓敷的另一个重要文化遗产大桥家也同样能看见。这种布局和构造，似乎是新禄宅邸在那个时期创造出来的房屋样式。

断面图

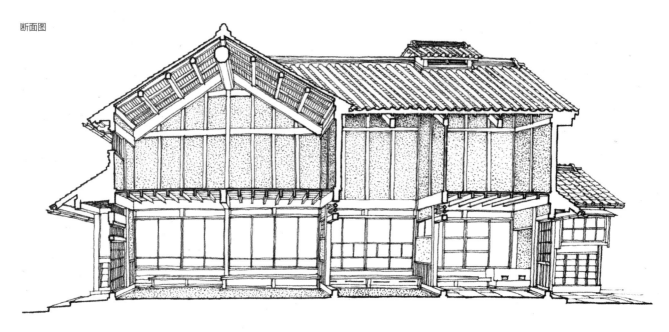

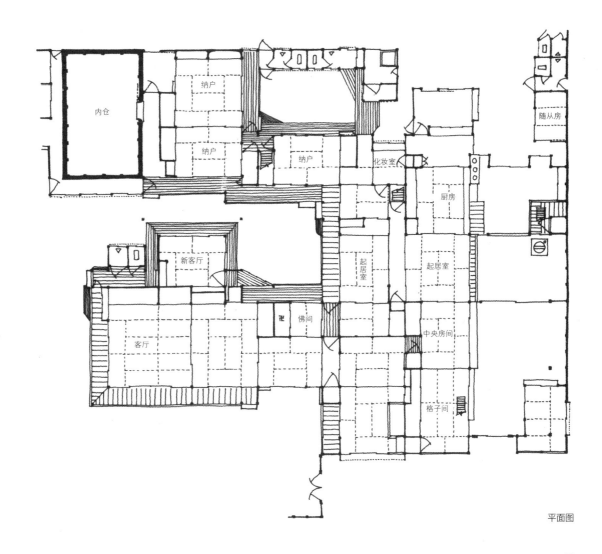

内仓

纳户

纳户

纳户

化妆室

随从房

厨房

新客厅

起居室

起居室

佛间

客厅

中央房间

格子间

平面图

正面

土藏之町的另一种魅力，旧工厂改建而成的新天地

● 仓敷纺织厂

仓敷川沿岸，被称为"仓敷川畔美观地区"，这里是重要传统建筑群保护区。

从这里进入土特产一条街，会看到新建筑仓敷常春藤广场（Kurashiki Ivy Square）的后门。这里有酒店、餐馆、博物馆和广场，是一处多功能复合的综合性文化中心，但建筑物本身并不是新的。

这里在江户时代曾是幕府代官所，明治维新期间被长州来的骑兵队烧毁。后来，大原孙三郎在此兴建工厂，成立了仓敷纺织厂。三角形屋顶的砖造建筑群非常雄伟。然而，战后日本的纤维产业逐渐没落，生产几乎停滞，建筑物也面临着废弃的危险。

后来，仓敷纺织厂老建筑群经过各种全新手段的改造，再生成为仓敷常春藤广场。改建非常成功，广场建成之后已经完全看不出这里曾是纺织厂。比起全部重建，对其进行有效改造，反而取得了更好的结果。

可以说仓敷是老建筑改造、活用的成功范例。在仓敷川沿岸还有许多名为"某某馆"的设施，这些都是由老建筑改造而成的。有礼品店、餐厅、咖啡厅等，不一而足。这些都成为吸引游客的强大力量。当然，仓敷常春藤广场是整个改造事业的先锋。

说到"保护"，就街道和环境而言，既不是要将它们原封不动地保存下来，也不是要回到过去。仓敷川沿岸地段是历史老街，河流两岸栽满柳树，葱茏美丽，但可想而知这些柳树绝对不是问屋町时期种下的，当年的河岸一定更加"实用"。另外，如今这条河流已经不与大海相连，水量充盈，水位时常保持满位状态；但在过去，这是一条与海相连的运河，由于潮水退涨和废弃物等原因，恐怕并非清澈美丽。

因此，所谓"保护"，重要的是保留历史残留中好的部分，并将之用于建造更好的环境。循环再生的目的也在于此。

● 土藏之町

但不可否认的是，即便再生工作或环境治理工作做得非常好，在一个过度开发的景区，想要寻求浓厚的历史韵味，也只是无稽之谈。

旅行者会有这样那样的期待，但有时也要面对现实。

因此这类旅行者来到仓敷，最好去行人稀少的地方、不知名的街道和小巷子走走，因为在这些地方才能观察到仓敷的"素颜"。在仓敷的深巷里，可以看到许多隐蔽的土藏的侧壁。弯曲的小路、不经意间的风景，包围着刻意为观光而打造的景观，这也是值得用心体会的。这是无法刻意营造出来的历史的厚重感。

问屋町资料馆

问屋町百态

内子

● 问屋町就是商业町

在日本有许多问屋町。例子太多以至于选择起来很困难。

那么，为何有这么多问屋町呢？所谓问屋到底是什么店——如果不对此加以思考是无法理解的。如今我们所说的问屋，是向小商贩批发商品的批发商行，但在以前却大不同。

现在的城市里也会有问屋町，但这些地方并不是商店街，而是零售商来进货的地方。各种零售店林立的地方才是商店街。

过去城市里没有这样的商店街，那么人们是从哪里买到自己想要的东西呢？原来是从"行商人"那里买。所谓行商人就是流动商贩，相当于现在的小卖店，所以在过去几乎是没有小卖店的。

行商人从问屋那里批发自己主营的商品，走街串巷，向熟客兜售。也有先从熟客那里收到订单，再去进货、送货的情况。

而问屋这边，并不仅仅是以行商人为生意对象，陌生人来买东西的话也会卖给他们，但是毕竟多是做熟人生意，所以陌生人这部分的

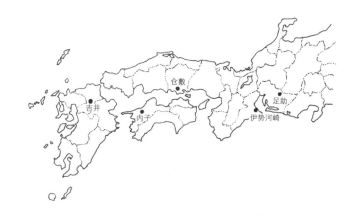

生意可以说是非常少的。

问屋的规模不断扩大，主要原因是除了零售的行商人之外，问屋还与中介做生意，涉猎更多商品，扩大商业版图。有的问屋甚至有能力将生意做到全国范围。另

外，有些问屋同时还可能是商品生产者、生产管理者。

这样一来，问屋町在过去就成为了独一无二的商业町。

● 在地域特性中不断发展

下面介绍四个问屋町。

首先是木蜡问屋町——内子。木蜡是从黄栌果实中取蜡，采用改良后的制法生产品质优良的白蜡。将柔软的黄色生蜡用水漂洗，使之变成又白又硬的优质蜡。大洲藩看中了白蜡的价值，将之纳入藩的管辖，变成自己财政收入来源，这与问屋町的繁荣是息息相关的。内子的白蜡，从19世纪初到大正末年，畅销日本全国。这是政商合体的典型案例。

接下来是吉井。吉井是位于筑后川中游左岸的问屋町。这里是筑后平原一带各种产品的集聚中心，用船将货物经筑后川运往佐贺、柳川等地，是此地的主要经济活动。另外，在吉井流通着一种叫作"吉井银"的货币，可见这里金融资本非常发

吉井

⊙ 内子

连接爱媛县的松山和大洲的予赞线是沿着海岸的，所以要到内子的话，还必须换走支线才可以。虽然不方便，但是这条支线已经延长至松山方向，走予赞线的主要火车会从内子经过，所以已经有很大的改善。

在内子，值得一看的景点位于八日市，这里有许多经营木蜡的商家，街景非常气派，同时也是重要传统建筑群保护区。在相当于此地的下町的六日市周边也有许多值得一看的商店街。复原后的内子座就是其中之一。

⊙ 吉井

从久留米乘坐久大线不久，列车开上右手边的山丘，筑后平原的风景一览无遗，稍后就可以到达吉井。往北稍微往下走一点就是国道。街道上有许多妻入涂屋造房屋，名为"伊古拉屋"。最具观赏价值的是国道对面不远处，注入筑后川的运河一带。另外，许多雄伟的土藏也值得一看。

⊙ 伊势河崎

伊势市的河崎町位于近铁伊势市站东边，即使走路过去也不远。问屋町的街道位于势田川两岸，但令人遗憾的是，因为河岸修整施工，河面变宽，街道遭到了很大的破坏。如今，住民运动正积极与街区保护、街区营造工作互相配合，不断地创造着许多好的结果。

⊙ 足助

去往足助，可由丰田汽车的企业城下町——丰田坐公交车直达。国道从足助川左岸的街道通过，老街则在河流的对岸。从足助川左岸眺望老街背后面向河流的一面，也很不错。在新建的"足助屋敷"参观民居，可以了解当地过去的生活样式。

伊势河崎

足助

达。吉井的陆路和水路紧密相连，是重要的交通枢纽。

伊势河崎是位于伊势的问屋町。因为参拜伊势神宫的人非常多，所以非常热闹；伊势河崎也就成了为伊势神宫门前町供应物资的问屋町。伊势河崎位于势田川河口附近的两岸，从伊势海过来的船只将货物运送至此，从房屋背面的河岸上岸，然后从房屋正门搬出。伊势河崎曾是日本首屈一指的由观光带动经济繁荣的问屋町。

足助是经营食盐的问屋町，据说过去这里有14家食盐问屋。在三河地区海岸生产的食盐叫"三河盐"，经足助川船运至此，并改名为"足助盐"，用马匹运往不产盐的信州地区。经过的道路名为信州大道，也称为"盐道"；同时，因为运送食盐的马匹络绎不绝，这条路也称为"马粪大道"。

问屋町

调集日光御用物资

栃木

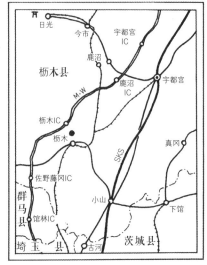

栃木县栃木市

栃木街道图　■藏造建筑物　▨洋楼

栃木站

● 城下町时期只有19年

以"仓库之城"而闻名的栃木当初也是城下町。天正十九年（1591）皆川广照在现在的城内町所在之处兴建栃木城，建设城下町；但是仅维持了19年，广照被贬为平民，离开了此地。于是城楼破败，短暂的城下町时期就此结束。之后此处被细分为天领、旗本领；后来又混入了足利藩领和吹上藩领，领界一再发生变化。

城下町时期建造的上町、中町、下町三町，相当于如今市中心的万町、倭町、室町。可以说在这一时期，城市的基本格局已经确定了。

皆川氏被贬，是由于和松平忠辉发生争执而导致的身份剥夺，其家臣中的大部分都成为町人身份，在此地定居。他们是栃木富商的先祖。

栃木走向繁荣的关键因素，是元和三年（1617）德川家康的灵柩从骏府的久能山改葬到日光。灵柩经过的道路都事先进行了修整；日光东照宫作为供奉幕府开

祖的神社拥有极高的地位，所以通往此处的道路都进行了修整，有的是新辟的。日光道中的杉树尤其有名，这些也是这一时期，即宽永二年（1625）开始种植的。

在每年4月德川家康忌日举行大祭之时，由京都朝廷派出的奉币使行经的街道，便是例币使大道。大道在中山道的仓贺野宿一分为二，经玉村、五料、八木、栃木、榆木、鹿沼后，在日光道中的今市合流。另一条叫作"壬生通"的路线是在日光道中的小山宿的分支，经饭冢、壬生后在榆木与例币使大道合流。

● 例币使大道的宿场·问屋町

就这样栃木成为了例币使大道的宿场。再加上幕府大将军经常前往日光参拜神社、每年举行的大型祭礼，又因元和三年的东照宫营建工程，是为第20年即宽永

十三年（1636）的正式营建做准备，这项正式营建工程需要大量物资供给，给作为问屋町的栃木提供了大量机会，从而也确定了其历史地位。

栃木成为日光的问屋町，便利的船运条件作出了巨大贡献。贯穿栃木的巴波川，船运便利，但此河水原本只是用来灌溉水田。由于德川家康的灵柩改葬到了日光，船运变得重要起来。运送过来的物资，有从附近农村收购的，更多的是从江户运过来的。其路线是江户川、利根川、思川、巴波川，船只行经这几条河流，逆流而上。因为在大河里使用的船只无法直接驶进栃木，所以在巴波川上建造了名为"部屋·新波河岸"的中转河岸，将大船上的货物分批装入小型的"都贺舟"。由于船运繁忙，船运商和巴波川沿岸村庄之间没少发生冲突。

◎ 放百八灯

　　8月放百八灯，是从江户时代流传下来的民俗，是此地著名的夏季夜晚风物诗。

● 土藏林立的栃木河岸

　　巴波川船运的终点是栃木，在货物上岸的河边排列着许多带仓库的问屋。

　　船运终点的河岸主要有三处，分别是上游平柳新地的平柳河岸、栃木町的栃木河岸、片柳村的片柳河岸；这三处又统称为栃木河岸。

　　说到栃木河岸保留的问屋遗构，首先要提到的，是巴波川沿岸那令人瞩目的有着长长的黑色木板围墙的大宅。这栋大宅自己单独便可形成一条街，可见其规模。这里是木材批发商冢田家，目前作为冢田纪念馆公开展示，可随意参观。

　　至于栃木河岸保留的其他问屋遗址中，仅有稍后将要提到的横山家比较醒目，多少让人觉得有点落寞。

　　土藏町的主体部分，如今并不在栃木河岸，而是集中在例币使大道的两侧。这些土藏中，面向马路的是店面仓库，而房屋内侧则是用于收纳的仓库。

　　这一带与其说是从江户时代，不如说是从明治时代开始繁荣起来的。这一时期，零售商铺不断出现，大多数店面仓库应该是这一时期的建筑。

　　虽然栃木被称为土藏之町，但是真正的大仓库并不是马路边的店面仓库，而是房屋背后的收纳仓库，但是从马路上是完全看不到的，游客难免觉得遗憾。

烟雨迷蒙中的巴波川沿岸土藏

经营苎麻问屋和银行的横山家

问屋图

● **特殊的石藏**

　　前面提到的冢田纪念馆位于巴波川左岸；再往前走一点，巴波川右岸是名为横山纪念馆的横山家。横山家早年是经营苎麻的问屋，同时经营着银行。其店面结构非常特殊，中间是涂屋造的母屋，左右则是对称的石藏。

　　母屋正面的中央是狭长的隔间，宽约1间；右边是带宽阔土间的问屋，左边是银行。母屋的左右两边都是石藏，这是与房屋的用途紧密相关的。右边是储藏苎麻的仓库，左边则是银行的金库，用来保管典当物品以及重要文件。

　　在造型方面，栃木的土藏中用作收纳的仓库的墙壁多粉刷白石灰；店面仓库则多是黑石灰。屋顶为栈瓦[1]葺，横梁呈一条直线，屋脊和鬼板（屋脊尾端装饰）采用关东的做法，非常气派。这样的屋顶常见于关东到东北地区南部，而此处的屋顶应该是建造于明治时代。

　　栃木町仅仅在幕末18年间就相继遭遇了4场大火灾。或许是因为经历了太多火灾的原因，明治时代开始建造大量土藏。横山家的石藏分别建在宅邸左右两边，或许也是考虑到火灾时可以防止延烧。

　　但是，横山家的建筑结构和前面说到的栃木地区的一般土藏完全不同。不仅仓库是用石头建成，而且屋脊也非常精美，不是一般的做工。窗户的形状和房顶骨架等采取了西洋建筑手法。

　　仓库的种类，除了土藏之外，还有像横山家这样的石藏，以及炼瓦藏[2]；但是在栃木地区却看不到炼瓦藏。有的地方会同时存在石藏和炼瓦藏，将两者比较后会发现，石藏在建筑年代上会稍微新一点。

　　横山家使用的石材是大谷石，是从附近的大谷中采集而来。这种石头相对柔软容易加工，这是其优点；但是很脆，容易破碎，保存性方面有所欠缺。大正期之后，大谷石成为关东地区石藏常用材料，据传横山家的建筑年代是稍早于这一时期的明治三十八年（1905）。

● **河岸问屋风貌**

　　横山家也是河岸问屋，但是河岸问屋如此宽阔的房屋到底是用作何用，至今尚不明确。但是在明治23年制作的《大日本博览图》的"栃木县之部"中记载了十三户栃木町的民居图。这其中就包括了平柳河岸的河岸问屋山崎家。该图是鸟瞰图，所以房屋的模样一目了然。

　　山崎家的房屋从巴波川一直延伸到大马路边，房屋四周则用冢田家那样的板壁围墙围了起来。面向河流这边的墙壁上开有一扇门，门前架设步道，装满货物的船只就停在前面，描绘出了正在进货的场面。用作收纳的土藏共有8栋，分散在建筑群的外围。住房朝南而建，位于建筑群中央；同时还用内墙加以区隔，划分出住宅专用的庭院。从图上看，住宅好像也有一部分采用的是土藏结构。面对大马路这一边有看似店铺的建筑物，但并不是土藏。整个建筑内部整齐地堆满了货物，运货的马车来来回回，一个充满活力的问屋形象跃然纸上。

　　其他不是河岸问屋的问屋造型虽然在鸟瞰图上也有所呈现，不过这些建筑纵深很长，中间留有细长的通道，土藏一栋一栋整齐地向内排列延伸。如今我们看到的房屋后部土藏的模样跟画中的是一致的。

---

1. 栈瓦，一种日本独特的瓦片，横截面呈波形。
2. 炼瓦即砖，炼瓦藏即砖头建成的仓库。

立面图

正面外观

平面图　阴影部分：二楼

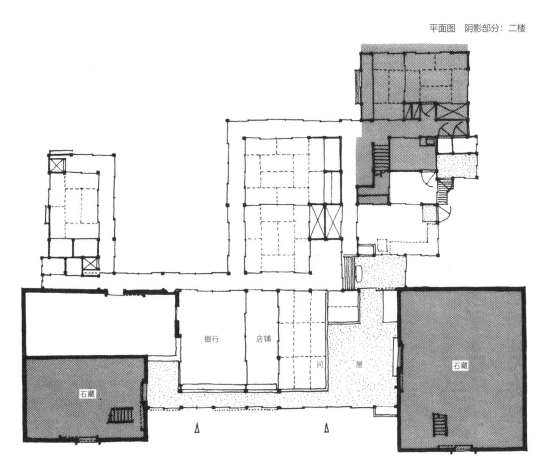

石藏

银行　店铺

问屋

石藏

藏造街道中意外出现的许多洋楼

大正时代的洋楼

● 不再是县厅所在地的栃木

明治四年（1871）在此地设立了栃木县厅，明治六年原本位于宇都宫的宇都宫县厅被取消，和栃木县合并，原来的下野国成为一个县，栃木成为其中心城市，比以前更加繁荣。

但是这种繁荣仅仅持续了11年，到了明治十七年（1884），县厅又迁移至宇都宫，仅留下栃木县这个名称，至此，栃木不再是县厅所在地了。

之所以县厅会迁移至宇都宫，与东北本线的开通密切相关。宇都宫站于次年即明治十八年投入使用。

而没有铁路经过的栃木则不断衰落，到了明治二十一年（1888）终于开通了两毛线，稍微恢复了一丝生机，但是两毛线始终只是一条区间线，效果很有限。尽管在戊辰之战中，宇都宫被战火夷为平地，但是还是不断赶超栃木，成为了繁华大城市。从这一点不难看出，这一时期铁路对城市经济的发展和兴衰产生了多大的影响。

但是，从另外一个角度来看，正因为如此，栃木的历史环境才幸运地保存到了现在。宇都宫快速发展为现代都市，历史痕迹消失殆尽，而栃木则仍旧保持着其浓厚的历史氛围。同时也可以说这是栃木的苦难。

● 有相当多的洋楼

虽然栃木被称为仓库之城，但是在栃木也仍然可以看到许多建于大正时代的洋楼。

或许在这一时期，日本国内凡是具有一定规模的城镇，都建造了不少洋楼。但这些城镇在战争中大多被毁，后来重建了其他建筑以替代，所以洋楼几乎全部消失了。

说到栃木的洋楼，首先要提到的是旧町役场。旧町役场目前仍用作市政府的别馆。这里是旧县厅所在地，四周有养着鲤鱼的壕沟，环境优美。附近有木构建筑栃木圣教堂。这些建筑应该会被好好保存下去吧。

从这里往巴波川上游稍微走走，可以看见一家栃木医院。这栋洋楼表面看起来是钢筋混凝土结构，但是里面是半木构架。施工质量非常好，惹人喜爱。

另外，JR[1]栃木站也是十分可爱的洋楼，装潢非常精美，维护得也非常周到，所以很难判断其建筑年代是什么时候。不过，栃木站作为栃木町的"门脸"非常合适。

车站

例币使大道

● 例币使大道

如前所述，贯穿栃木町的大马路就是例币使大道，但是旧时的大道在现在的邮局出就终止了，并形成枡（桝）形路，左拐右拐后一路北上。这一带道路狭窄，只能作为城镇的后巷，但是也正因为如此，这里还保留着旧时街道的独特风情。另外，位于例币使大道上的冈田纪念馆，据传是天领时期的代官所所在地。虽然建筑物本体是后来修建的，但是大门却是从老建筑那里保留下来的。

如今在栃木，通过有效活化历史环境进行街区营造，已为当地居民和政府的重大课题，环境整顿工作在逐步推进。虽然有许多问题需要着手解决，但是眼下最重要的，是确定究竟要将栃木打造成一个怎样的地方，也就是基本形象的塑造。首先要讨论抽象的内容，其次就是要讨论有关具体形式的内容，也即今后该如何将町屋、仓库和洋楼联系起来，打造街区未来的风貌。

1. JR，即Japan Railways，日本铁路公司。

⊙ 旧町役场

旧町役场位于巴波川沿岸道路稍微往西一点的地方。旧町役场前面有一条壕沟，壕沟里的水沿着道路流入巴波川，周边环境打造得非常优美。

問屋町资料馆

被称作"仓库之城"的地方

● 防火是街道的夙愿

对于木质房屋密集的老街来说，最可怕的就是火灾了。说道最可怕的事物，自古以来，日本人就把"地震、雷电、火灾、亲爹"列为令人畏惧的几样事物。在现代社会，父亲已经不再那么可怕了，但自古以来，对可怕的事物，恐怕都是按火灾、地震……这样排序的。地震会带来毁灭性的破坏，但地震中最恐怖的，应该是随之而来的火灾。毁灭性的地震并不常见，而火灾的发生率却很高，正是这种高发生率令人觉得可怕。

事实上，可以说没有哪个城市没有经历过火灾。在过去，江户城时常发生火灾，给城市带来了毁灭性的破坏。所以，居民的最大心愿就是建造防火的房屋。

藏造建筑，是木构民居在追求防火性能的道路上所达到的最终形态。

由于藏造建筑的成本非常高，所以最开始时只是为了保存一些非常重要的东西，避免其遭受火灾而建造土藏。后来，住宅整体皆采用藏造形式的民居越来越多。这当然是与经济水

平的提高密不可分的。同时由于城市不断发展，城市变得越来越拥挤，藏造住宅成了迫不得已的选择。

据说，到了明治时期，日本的大中城市的中心城区基本都是藏造建筑。其代表当然就是江户·东京了。

但即便是这样的城市，在第二次世界大战中遭遇空袭时，也全无自卫之力。藏造街区皆被夷为平地。

如今被称为藏造之城的地方都是藏造建筑相对发达的，而且多是在第二次世界大战中免于战火的小城市。大中城市的藏造建筑在战火中消失殆尽，只有小城市还残存着一些。

● 藏造建筑的居住性

藏造建筑的最大弱点在于其开口部。藏造建筑的外部具有耐火性，但是建筑内部有木头露出，如果大火从门口进入，会立刻导致整栋房屋着火。所以，有人在门口设置防火门，并且在门板与墙壁之间设置好几层阻烟板，加强房屋的密闭性。

但是如果这么做的话，当然是开口部越小越好。用来收纳物品的仓库，开口部小一点也没关系，但如果是用作店铺或者

住宅的藏造建筑的话，则无法将开口部做得太小。这就是藏造建筑面临的矛盾。

在店铺面向马路的一面的大开口部，并置几十块大的防火门板。防火门板平时会与防雨窗套叠放在一起。锁门的时候要搬动防火门板会非常之麻烦，所以防火门板的后面一般会安装拉门。住宅的开口部也是如此，与店面的开口部的设置并无差别。

另外，藏造建筑中有一部分叫作"藏座敷"，即藏造客厅。开口部有点小，且内部昏暗，但是住在其中会发现此处冬暖夏凉。日本自古有"造房子要以夏为主"的做法，所以，将通风放在首位的房屋到了冬天就非常寒冷。藏造房屋与这种房屋完全相反，在隔热性能方面与传统的房屋有着天壤之别。日本房屋的造型若能因此发生革命性变化岂非美哉？但是并没有这样，着实令人遗憾。

⊙ 川越

在川越市从仲町到幸町之间的很小范围内，目前还能看到一些厚重的藏造老街。离此地最近的铁路车站是西武新宿线的本川越站。走在老街上，可以遥想当年江户城的风采，因此这里也被称为"小江户"。最值得一看的是店面仓库。另外，"时之钟"也是当地的地标。

⊙ 稻荷山

　　稻荷山位于更埴市内。从铁路信越线的屋代
站往前走,跨过千曲川后不远处就是稻荷山。这
里曾经是北国街道和西京街道的汇合处,因此这
里也是北信一带物产的集散地。虽然马路边有许
多古老的建筑,但也并不觉得是多么特别的街
道。然而,绕到后面才发现有许多仓库,不愧是
仓库之城。

⊙ 喜多方

　　喜多方是位于会津盆地北部的仓库之
城。包括周边的三津谷和杉山在内,有许多
仓库建筑,且造型多样,是了解藏造建筑的
好去处。从会松若津搭乘磐越西线,第六个
站就是喜多方站。如果不去三津谷和杉山的
话,喜多方是一个适合步行游览的好地方。

⊙ 登米

　　可以从东北本线的濑峰站乘坐公交车前往登
米。登米是繁荣的问屋町,从这里到石卷之间的
北上川船运繁忙。这里有许多仓库,同时也有士
町、明治洋楼等,建筑物多种多样,什么都有一
点,非常有趣。

渔村

舟屋包围海湾的特殊风景
伊根

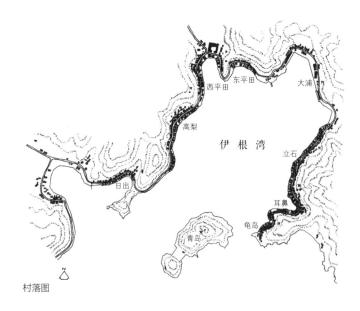

村落图

京都府与谢郡伊根町

● 日本第一渔村

伊根，是位于京都府日本海一侧，奥丹后半岛顶端的渔村。奥丹后半岛的尾部是长长的海滨地带，地势缓和，但是越靠近半岛顶端部分，地势越发陡峭。到了伊根周边，海岸线几乎是垂直的岩壁。因此，村落只能集中在周边狭窄的平地，建筑非常密集。

伊根位于紧邻山脉的小海湾内，海湾名为伊根湾，从地势来看水深很深，湾口有一座叫作"青岛"的小岛，挡住了来自外海的波浪。可以说是一个天然良港。据说这个港湾是海岸线上一座死火山的火山口。

伊根最著名的是产自日本海渔场的鲕鱼，但如今捕获量急剧减少，取而代之的是海湾内逐渐兴起的养殖渔业。然而，这里曾是号称日本第一的富裕渔村。

● 海边的舟屋阵列

如今伊根之所以出名，并不是因为鲕鱼，而是因为海岸线上鳞次栉比的舟屋阵列。舟屋是停放船只的建筑物，排布在海岸线上，形成了奇特的风景。可以说这是只有伊根才有的独特风景。

舟屋一般是两层楼建筑，因为要将船只拉入屋内，所以房屋都是细长型的，因而也都是妻入式建筑。一楼是渔船放置区、作业区和厕所，也有通往二楼的楼梯，但因为是面海敞开而建，海水可以进入房屋，所以从海面上看，舟屋像是双脚站在海上。二楼面积宽敞，一般有三个房间。

伊根分为八个村，除了大浦，每一个村都有舟屋，而其中排列最为整齐漂亮的则是东平田、耳鼻和龟岛。大浦有着可供大型船只靠岸的岸壁，以及公共的渔业设施，很少有人家。

● 绝无仅有的舟屋风景

　　舟屋并非只存在于伊根；只要有渔村，就会有舟屋。尤其在日本海一侧的渔村有许多舟屋，海滨一带曾经可以看到许多舟屋并排而建的风景，但是现在几乎全部消失了。最近看到的舟屋位于岛根县的境港和隐岐，只有两栋。

　　并且，这些舟屋并非伊根舟屋那种正儿八经的居所，只是在船上加盖屋顶，看起来像是临时设施。

　　为何舟屋会消失呢？我想或许是因为渔业方式和船只的改变。能够收纳进屋子里的船只是很小的，如此小的船只现在已经完全用不上了。而且，现在的船只已非木质船只，直接浮在海面上也没有什么影响。所以，每个渔村都建起了防波堤和码头，渔船直接停放在码头。

　　那么为何伊根还有舟屋呢？在伊根，同样有无法放入舟屋的可以驶向外海捕鱼的大船。但是，伊根湾内的养殖渔业还是用小船更加方便。另外，走在伊根町就会发现，虽然目的地就在眼前，但是真正走起来却要绕相当远的路程，而搭乘小船的话就可以很快到达。简而言之，伊根湾是大船的码头，湾内交通以及湾内养殖作业还是需要小船，"船小好掉头"。

　　另一个原因是舟屋作为作业区很有用。有的舟屋已经不再放置船只，于是被改作车库之用，或是当作仓库，用途多种多样。而且因为二楼有房间，也是家的一部分，所以不能轻易拆除。

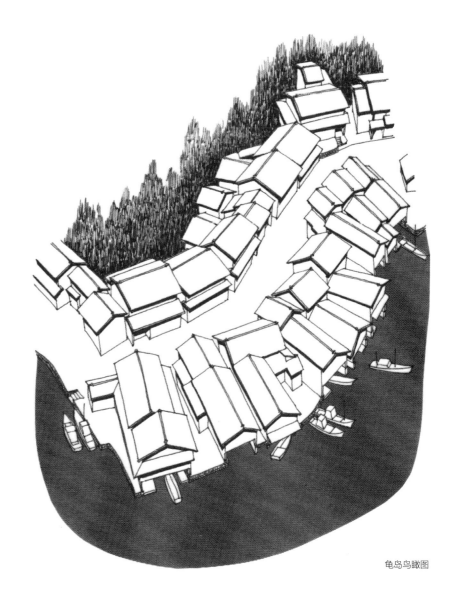

龟岛鸟瞰图

从海上眺望舟屋风景

沿海湾而建的曲线形村落

伊根的民居由隔道而建的舟屋和母屋构成

舟屋

● 道路是后来修建的

如前所述,舟屋一楼用来放置船只,二楼只有两三间房间,缺少生活所需的主体部分。

伊根的村落位于紧邻山和海之间的细长平地上,沿海岸线蜿蜒而建,走在其中也别有一番趣味。因为靠海一侧是舟屋,皆为妻入式的房屋;靠山一侧则是平入式的母屋。房屋布局曲折绵延,街道景观充满着变化,走在其中乐在其中。

但是,为何母屋和舟屋之间会有道路呢?一般情况下应该是将母屋和舟屋连在一起,将靠山的一侧辟为道路。

答案其实非常简单。过去并没有道路,无论去哪里都是用船,现在我们看到的道路在过去都是各家各户的院子。

但是后来人们发现,没有路的话还是非常不方便的,然而要修路了却没有空地了,所以只能把各家各户的院子打通,修成道路。

这么想来,舟屋其实相当于长屋门。长屋门有的附有马厩,在伊根则从马变成了船。

● 母屋的气派

渔村的建筑可能大多看起来寒酸,但是这里的建筑并不是这样。舟屋从外面看是个小房子,但是近看会发现所用的木材非常粗壮,结构紧密结实。母屋则更加高级、气派,即使是町屋也很少有这种规格的。不仅如此,有些房屋还配有土藏。这里可谓百分百的城镇了。

舟屋、母屋和土藏的屋顶都采用栈瓦铺设。母屋的外墙粉刷黄色石灰,舟屋和土藏则粉刷双层石灰。另外,土藏的下部装有纵向木板,用来保护墙壁。舟屋的一楼是没有土墙的纵向木板墙,可见这一带风雨非常猛烈。

舟屋剖面图

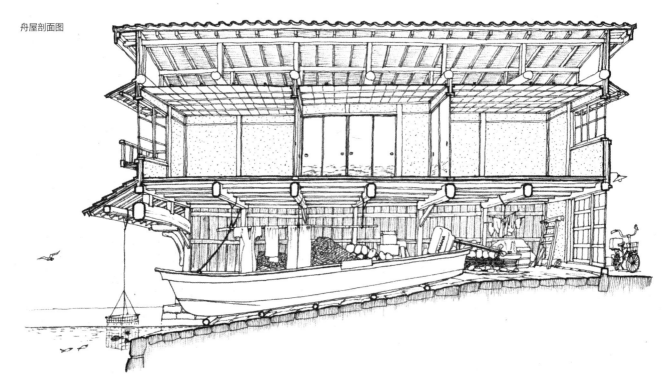

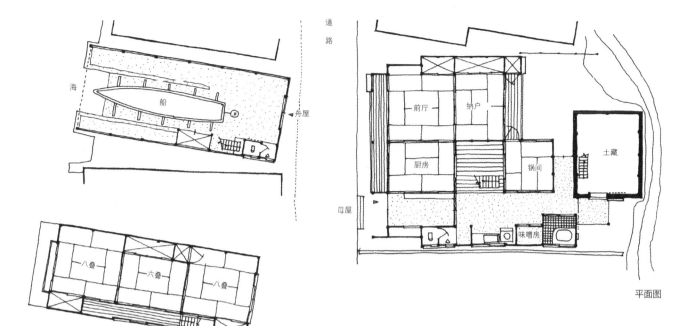

道路

海

船

舟屋 ►

八叠   六叠   八叠

舟屋二楼

前厅   纳户

厨房   锅间   土藏

味噌房

母屋

平面图

⊙ 母屋和舟屋

　　伊根的民居由隔道而立的平入的母屋和妻入的舟屋两栋房子构成。母屋在房间布局上，有贯穿全屋的土间，形式与町屋无异。如有土藏，则土藏或位于母屋后方，或位于舟屋一侧或前方。

母屋

舟屋的历史与将来的舟屋

复原后的明治时代舟屋

● **道出舟屋历史的资料**

伊根的舟屋建得非常气派，所以即使不用来放置船只，也不能就此将其拆除。但是，舟屋形成现在的规模，历史其实并不长，据传舟屋出现于昭和初期。

明治初期的舟屋在伊根湾的青岛得以复原，不过只是茅草屋顶的平房。房屋的高度挺高，所以与其他渔村的舟屋相比有很大不同，看起来倒像是普通的民居，但实际上原来的应该更粗犷一些。

如果将复原的舟屋和现在的舟屋放在一起观察的话，会发现在数量众多的舟屋中有一些舟屋能将两者贯穿起来。

跟在茅草屋顶的舟屋之后出现的，有瓦屋顶的平房，目前处于几乎要倒塌的状态。仔细观察这些房屋的房顶骨架，似乎原来也是茅草屋顶，总之真实情况不甚明了。

另外一栋舟屋，屋顶上铺的是防水材料，但毫无疑问最初建造的时候是瓦屋顶。房顶骨架非常扎实，房屋长度也有所加长，很明显是要房顶下方的空间也利用起来。这显示了舟屋发展的下一个阶段，即两层楼舟屋。

目前建成的两层舟屋的特征是靠海一边的独特房檐造型。屋檐桁架向外凸出，下方用弯曲的托架进行支撑。这种设计对任何阶段的舟屋来说都是通用的，且非常合理，造型也非常美观。

过去的舟屋和现在的舟屋一脉相承之处是靠海一边的侧梁的安装方法。均使用特别粗壮的侧梁，侧梁与屋顶之间的板材也非常结实，架在两者之间起着固定的作用。这种组合方法不仅合理而且美观。随着时代的前进，越新的舟屋整体完成情况越好。

● **舟屋和伊根的将来**

如今，伊根的渔业已经盛况不再。养殖渔业也渐渐无法支撑村庄的经济需求。

作为副业，村庄里也盛行织布，将舟屋的一部分当作织布作坊，但是如今也少了许多。这种情况发生在养殖渔业刚开始的时候，不知是养殖渔业代替了这一部分的织布业，还是织布业本身无法维持下去了。

当然也有观光旅游业。村民们将舟屋二楼开辟成民宿，走在路上可以看到许多民宿招牌，但是好像并没有多少客人。另外也有餐馆，只是因为没有什么客人，并不是一直在营业。

以前有从宫津开过来的班船，但是

旧舟屋

旧舟屋

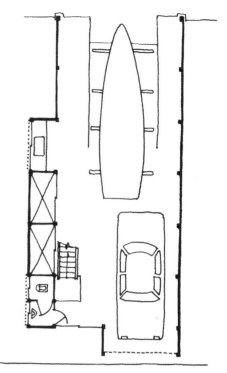

车与船共置一室

⊙ 母屋正面的格子

母屋临道路一侧基本没有富余的空间，为了遮挡来自道路的视线，在柱子间安装细格子。因为道路低矮，所以仅在柱子的下部安装细格子，便能达到遮挡视线的目的。

舟屋　海边一侧细节

现在也已经停运了。伊根湾上有观光船行驶，不知是不是用的这些停运的班船。码头设在村庄入口处的"日光"，再往前走的话道路变得狭窄，班车和观光巴士都无法通行，只能在此换乘小型班车。大型观光巴士载过来的游客们从日光乘坐游船出发后，不到30分钟就返回，迅速离开。在离岸边有一定距离的海湾里绕一圈，30分钟确实也足够了，但是这样能欣赏到伊根真正的美吗？不仅观光的具体内容存在一定问题，观光收入应该也没有多少。

伊根今后将何去何从？这里有独特的风景，如果加速发展旅游业，这里可能很快就能发展成热门景点。那样一来，或许会在青岛建大酒店，从酒店可以将舟屋尽收眼底。真的这样的话将是最糟糕的结局。

另外，伊根也出现了三层楼的舟屋，是新建的旅馆，但是一楼改成了钢筋混凝土结构。这种舟屋旅馆里不仅有渔船，还摆有饭桌，可以在此就餐。于是难免会有这样的感想，舟屋终究也进入三层楼建筑的时代了。伊根的观光旅游该如何走下去呢？这里似乎也潜藏着一个答案。游客来

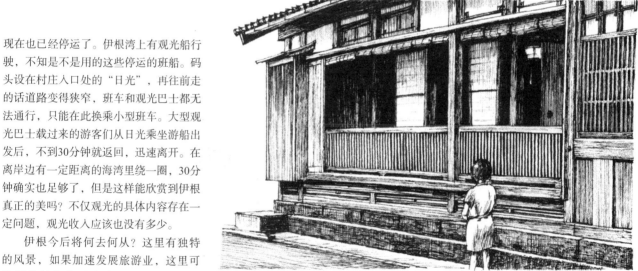

母屋正面的格子

到伊根，想必都是想坐坐小船，同时体味一下舟屋的。

有人说，来到了伊根，感觉比威尼斯还要好。将两者进行比较，多少有些意外，但是在乘船游玩这一点上倒也有些异曲同工。很难想象海湾里漂浮着贡多拉的场景，不过这也提供了一种思路。

但是我也担心，伊根的村民们祖祖辈辈在这片土地上生存，在互相帮助中培养出来的善良质朴，会不会因为发展旅游而消失呢？

这么一来，问题又回到了旅游的质。伊根面临着艰难的选择，希望能选择一条明智的道路。

渔村资料馆

渔村到处都是
密集的民居

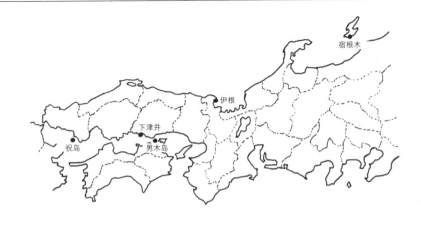

前面介绍了室津、鞆和伊根等海港，这些地区道路狭窄蜿蜒，房屋密集。可以说这是所有古老渔港的共同特色。下面再介绍四个渔村。

● 祝岛

在山口县濑户内海沿岸，自西向东有下关、中关、上关三个港口。中关位于三田尻，上关位于柳井以西的小海峡，同时也是海边的问屋町。祝岛是一个小岛，属于上关町，但是从上关坐船到这里要一个小时。这里的码头只有一块小平地，房屋顺着山坡呈阶梯状建造分布。道路也因势而建：横向道路绕山盘旋，纵向道路则呈阶梯状。这个岛屿风力非常强，所以房屋的墙壁都是用石头堆砌而成。表面上像石构建筑，其实是石头堆砌的围墙和普通房屋的合成体。

● 男木岛

男木岛也是位于濑户内海的一个小岛，属于高松市。船从高松开出后，途中在女木岛靠岸，然后就到了这里。女木岛比男木岛要大很多，但是作为村落来说，稍显凌乱。矗立在港口和村落之间的防风墙非常高大，村民们称之为"欧迪"，这是在其他地方看不到的独特风景。男木岛的村落状态与祝岛非常相似，但没有石头墙壁，或许是因为村庄所在地的风力并不强。不过村庄所在的斜坡非常陡峭，水平道路靠山一侧有用石块砌成的护坡。

● 下津井

下津井是位于仓敷市儿岛半岛前端的渔港，村落的规模相当大。

港口的码头也非常宽阔，现在还保留着石灯笼形状的灯塔。村庄的主体部分并没有多大的起伏，但是沿海岸线的道路蜿蜒曲折，且很狭窄，村民们的房屋就密集地建在路旁，房屋中间有小巷通过。

建筑物都是濑户内型瓦片屋顶的涂屋造，一楼有连子格子，二楼有虫笼窗，为町屋构造。

● 宿根木

宿根木是位于佐渡小木町边缘的渔港。港内几乎没有任何设施，是一个保持着原生态的小湾，村落位于注入该港湾的小河中游谷地，并没有面向港口。

因为谷地非常狭小，甚至从台地上的道路往下看都看不到村庄，非常隐蔽。

可以说村庄中没有像模像样的道路，只有小巷弯弯曲曲。房屋基本上都是两层楼的建筑，但由于间隔过窄，有种天空狭小，房屋高高耸立的感觉。这里的房屋都贴有纵木板，潮水在木板上留下了漂亮的痕迹。这里是渔村，同时也造船。在上台地的原小学资料馆里，收藏着许多木工工具。

祝岛

男木岛

宿根木

下津井

产业町

从城下町到交通町,
再到酒乡的转变

伏见

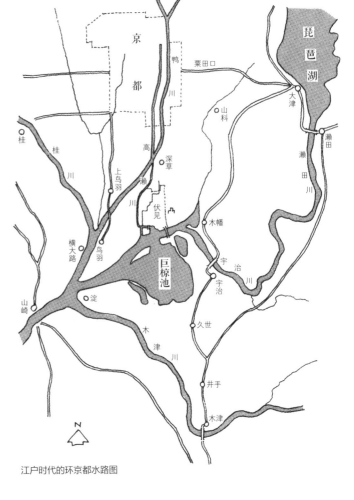

江户时代的环京都水路图

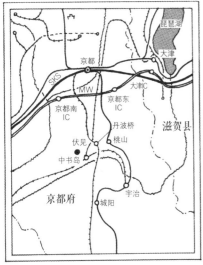

京都府京都市伏见区

● 太阁大人的城下町

伏见这个地名,早在中世纪就已经出现了。当时称为伏见之庄或伏见九乡,是庄园。

太阁秀吉在其晚年曾在此建房隐居,在此基础上于庆长元年(1596)建造了伏见城。这座城堡在当年的地震中倒塌了,庆长三年(1599)进行了修复。

伏见街道是作为城下町发展起来的,但是秀吉在庆长八年去世。后来这里一度曾是德川家康的畿内据点,然而元和九年(1623)伏见城被拆除了。城下町时期只维持了短短30年。

城下町时期虽然短暂,但秀吉在伏见周边进行的各项工程,对伏见街道之后的发展还是非常有帮助的。其中之一就是把宇治川和巨椋池分隔开来,改流至伏见山下,把大和街道引至伏见。另一个是修建了太阁堤,连接了淀川、宇治川与桂川,使伏见成为河港。

伏见不愧是"天下人"[1]的城下町,

区划大气齐整,其风骨保存至今。町名也沿用城下町的名字。毛利长门町、长冈越中町、锅岛町、桃山町及岛津町等,这些地名令人回忆起云集60余州大名的大城下町的风采。

● 京都的外港,交通重镇

失去城下町身份的伏见,虽一度衰败,但又因秀吉修筑的工程,作为交通重镇再次复活——成为当时日本首都京都的外港。在伏见失去城下町身份之前,京都富豪角仓了以在庆长八年(1603)主持开凿了高濑川运河至伏见段,也为伏见的这一转变作出了巨大的贡献。

濑户内海的千石船的航线连接着难波(大阪),三十石舟经由淀川抵达伏见,再从这里乘高濑舟驶向京都。也就是说,京都可以借由伏见的水路通往日本各地。这不仅关乎人的流动,也关乎物资的运输。伏见的旅馆、花街发达,各种批发商行鳞次栉比,迎来了相当繁荣的历史时

期。幕府末期寺田屋事件等骚动的发生,也是因为其位于交通要塞上。

● 酒乡

然而,明治时代铁路建成后,船运立刻萎缩。这是伏见遭遇的第二次危机。

是酿酒业拯救了这次长时间的低迷状态,但伏见的酿酒史也绝不是轻易筑就的。因为京都原本就有"京酒"的传统,另外摄津的"滩酒"也很有名气,近江也有著名的"近江酒"。所以江户初期伏见的酒厂多达83家,然而到了明治初期,据说只剩7家。伏见酿酒业的再次繁荣是在中日甲午战争时期(1894—1895),日俄战争(1904—1905)结束后进一步攀升,大正至昭和初期,产量达到顶峰。

● 鳞次栉比的酒仓

伏见的酒仓造型几乎相同,这些酒仓应该是明治末期至昭和、大正初期这一段较短的时间内建成的。

伏见城

无论哪个地方，酿酒厂的建筑大多比较古老，且大多位于老街区，因而在历史街区保存中占据重要地位，不过像伏见这样成片保留下来的极为罕见。酒仓虽说是仓，却不是存放物品的仓库，而是生产车间。作为历史遗留的产业町，伏见的重大价值不言而喻。

● 第三次危机

"二战"后，由于受到洋酒的冲击，日本酒产量减少。虽然最近略有起色，但要想恢复往日的隆盛还是很难。

由于城市的扩张，再加上酿酒业的危机，人们决定发展房地产业。因为酿酒业一般被认为是工业区，工业区的地价比住宅区要便宜，也没有住宅区的严格标准，所以建造住宅非常容易。另外，酿酒用地一般都连成一片，非常宽广，很适合建造公寓。

在伏见，许多酒仓被陆续推倒，改建成公寓，这也引发了一些力图保护宝贵的街区的居民反对运动。

伏见市街图
阴影部分：町家、酒仓
历史街区

1. 天下人，掌握天下政权之人。这里指丰臣秀吉。

弥漫着酒曲香味的酒乡

酒仓着眼于
土藏的隔热性，
是藏造技术的
延伸

● 酒仓的结构

伏见酒仓从造型上看，外部的屋顶铺设栈瓦，外墙贴了朱红色的纵板，破风与屋檐等少许地方涂上石灰，纵板挖穿，做成带遮雨板的小窗，小窗周围也细致地涂上石灰。酒仓造型素简，将实用性发挥到极至。虽然朴素，但黑白对比鲜明，仍显气派。也许这就是京都美学吧。

作为仓库，结构部件在外部不可见。但在内部，柱子外露，柱间壁涂白灰，不设天花，梁架结构一览无余。

不过，这显然不是以耐火为目的的藏造建筑。首先，开口处并没有安装防火门板。其次，墙壁的涂层也只是薄薄一层，铺设纵板的横条也埋进了土墙里。

● 土仓的隔热性

土藏是为了让木构建筑耐火，但酒仓并非如此。

清酒的酿造在每年新米进货的11月份开始。杜氏和藏人[1]从丹波和北陆来到这里。首先是洗米，然后在酿酒仓将原料放入酿酒桶中进行加工，最后移至储存仓，发酵至第二年开春。

简言之，酿酒要在气温低的冬季进行。将酒仓建成土藏形式，就是为了利用土藏耐火性中包含的隔热性。在隔热良好的建筑物中，酿酒期可以延长。

如今出现了"四季藏"，隔热性能更好，可使酿酒期更长。大部分酿酒主力都转移到了这种酒仓，旧的酒仓因此大多变成了仓库。不过，这些旧酒仓作为酒乡的象征，依然是不可缺少的一道风景。

● 大仓纪念馆

因月桂冠而闻名的大仓酒厂在伏见占据了一大块地盘，这里现在建起了名为大仓纪念馆的酿酒资料馆。

伏见的酿酒厂，面向街道的主屋通常是有"厨子二楼"的町屋，这座纪念馆的主屋也是如此。门面相当气派，与大仓酒厂的实力相符。在入口的上方悬挂着一颗用杉叶做成的圆球，叫做"酒林"。这是每年新酒上市的标志，现已成为酿酒厂的象征。

进入主屋后是账房，完整地保留了旧时的风貌。主屋的中央是石头铺成的地面，也是洗米的地方。之所以铺石头，是为了即使水流出来也不会让地面变得泥泞不堪。主屋的深处有几栋酒仓，陈列着古老的酿酒工具。昔日酒仓的内部风貌，都能在这里一一领略到。

大仓纪念馆

名为"酒林"的酒厂标志

酒仓通常的剖面图

⊙ 背靠运河的酒仓

　　大仓酒厂的背后就是运河,过去这里紧邻着巨
椋池,船只在这里装卸货物。现在这里的环境整治
得如公园一般美丽,但是过去应该没有这么好。

复原后的运河和酒仓

1. 杜氏、藏人,指酿酒匠人,其中杜氏是藏人组织
　　的管理者。

除了酿酒，这里也有悠久的商业气息

● 古老的町屋

伏见不仅仅是酒乡。在酿酒产业发达以前，这里就是城市，所以留下了一些似乎比京都的町屋还历史悠久的商业建筑。遗憾的是这些建筑分布零散，没有形成集中的街区，但仍然是宝贵的历史财富。

因寺田屋事件而出名的寺田屋，现今仍然是营业中的旅馆。这起事件，原因在于这里是萨摩藩的驿馆，在这里，促成萨长[1]结成同盟的坂本龙马却倒在了奉行所手下的凶器下。旅馆的柱子上现在仍留有当初的刀痕。

寺田屋前有一条窄小的水路，在伏见还是河港的年代，这里被唤作"寺田屋浜"，是个码头，三十石舟往来不绝，前方连接着的应该就是宽阔的巨椋池水面。中书岛便在巨椋池之中，通过"京桥"与陆地相连，但现在已经消失无踪了。

有许多古老的町屋仍在营业。

比如奈良酱菜铺。奈良酱菜是用酒糟腌制而成，在酒乡有这个是理所当然的，但不知具体是何时出现的。还有一点，为何要叫奈良酱菜呢？奈良并没有什么酒厂。但是，改称"伏见酱菜"的话，似乎又不怎么顺口。

另外，伏见靠近宇治，以前也是产茶地，有过非常传统的茶商。折叠台板上并排摆放着几个茶箱，屋檐下垂着布帘，店铺的陈设仅此而已。这样的店铺也是伏见的魅力所在。

伏见是京都的一部分，本是不同的城市，却也是姐妹城市。把素简之美看成是京都范儿的话，那么从酒仓、古朴的町屋和其中的营生来看，伏见是有着浓郁京都范儿的地方。

● 水乡伏见

据说伏见是因其丰富的伏流水而得名。伏见能称为水乡和酒乡，也是因为其拥有优质的伏流水。

伏见和水有着难以割断的情缘。因此，不妨再多显露一点水乡风范出来。

壕川的周围仍多少保留着水乡的风貌，大仓酒业后面的壕川和以前相比更是多了种不同的美感。只不过，有太多地方用混凝土加固，弄得如同沟渠，很煞风景。高濑川也只在外围流淌。

现在伏见面临的不只是公寓问题。如果酒仓不再是酒仓，伏见也不会是原来的伏见了，水乡的复活更是遥不可及。但是现在仍在运作的酒仓很少，如何令空置的酒仓活化、再生呢？如果只是放置不管或当作仓库，恐怕想留也是留不住的。

这样想来，若想恢复水乡的身份，将伏见打造成公园式的区域或许是可行的思路，可以参考柳川。柳川用酒仓改造成的餐厅非常受欢迎。若是周边环境也能同时得到改善的话，酒仓或许能找到一条合适的再生之道。可能性还是存在的。

---

1. 萨长：萨摩藩与长州藩。

茶屋

⊙ 折叠台板

台板一边是固定的，另一边的腿儿可以折叠。不用时将台板上翻收起，用的时候翻下来令其与屋内地板齐平，将商品陈列在台面上。整个台板没有使用合页等金属，全部使用木制轴和轴承。

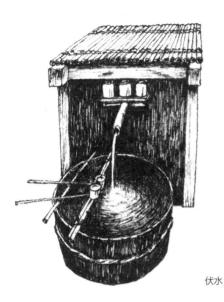

伏水

⊙ 寺田屋

　　寺田屋比想象中要小很多。房屋是两层楼建筑，二楼有扶手，一楼则安装有连子格子，门面也不宽，是极其常见的京都风格町屋。如果没有写着"寺田屋"几个大字的灯笼的话，恐怕很多人都不会注意到吧。

寺田屋

奈良酱菜铺

各种各样的海鼠壁和奇特的仓库

● 海鼠壁

　　虽然藏造建筑外墙多使用海鼠壁，但是伏见的酒仓从来不用。在这一节提到海鼠壁好像有点不合适，但是也没有其他更合适的地方了，所以只能在此提出。

　　但是伏见的酒仓和海鼠壁之间也不是完全没有关系。

　　伏见的酒仓，土墙之上覆满了高高的纵板，这是为了防止风吹雨淋导致土墙脱落。在伏见的建造酒仓的目的并不是耐火，否则也不会使用那么多纵板。海鼠壁的主要功能是在不使用木板的前提下实现防止土墙脱落的目的。

　　将方形平瓦钉在泥土墙上，中间再以石灰填满空隙，其断面看起来像海鼠，据说这便是海鼠壁之名的由来。细究起来，说是海鼠，其实真正的意思是"鱼糕形状"。

　　海鼠壁费用较高，耐火仓库同样也可以通过以下的办法，用木板来保护土墙。即在土墙各处做出半球形的泥土突起物，在其顶端固定铁钉。木板做成层层下叠（ささら子下见）的形式，并在铁钉的位置预留出小孔，挂在铁钉上，用闩固定。这样一来，木板与墙壁之间留有空隙，因而不会影响仓库的耐火性。伏见的酒仓外墙铺设木板，却也没有采取上述方法，可见并未在这个层面考虑仓库的耐火性。

⊙ 各种各样的海鼠壁

1.菱形贴法	这是最常见的海鼠壁，斜向纹路，防水性能好	
2.芋贴法	古式的贴法	
3.乘马贴法	芋贴法的错位排列	
4.菱形变形	改变了海鼠的大小	
5.菱形变形	改变了海鼠的形状	
6.青海波	使用了特殊形状的瓦片	
7.乘马变形	在平瓦正中央挖洞，用钉子固定的乘马贴法	
8.龟甲	使用了特殊形状的瓦片	
9.芋变形	将平瓦正中央钉住的芋贴法	
10.芋变形	改变了海鼠的形状的芋贴法	

● 奇特的仓库

生产用的仓库中有的非常奇特。首先必须提到的是烟草仓，这是一种在又小又高的屋顶上安装换气橹的仓库。

用途与烟草有关，但并非是用来储藏烟草的仓库，而是用来烘干烟草的仓库。烟草悬置于仓内的上半部，从下方用火来烘干烟草。这样一来，仓库就必须具备耐火性能了。其实沿用至今的并不是明火，而是外置热水锅炉，用循环管道输送热水发热以达到烘烤的效果。烟草仓在种植烟草的农村并不稀有，而且构造都非常相似，可能是在政府的引导下建造的。

另一种是鼓风炉（たたら）[1]高殿。鼓风炉高殿不是仓库，不过在岛根县吉田村，有一座10间四方占地100坪[2]的大型鼓风炉高殿。高殿中央是用于炼铁的炉。这种炼铁技术（たたら製鉄）是以铁砂为原料，用一种黏土（也叫たたら）做成的炉子，燃烧大量木炭，用风箱提高热度熔化铁砂。因此，高殿内部也必须具备耐火性，内部的木质建材都会刷上泥土涂层。鼓风炉制铁（たたら製鉄）是古代的制铁方法，而这座建筑物建造于嘉永三年（1850），但直至大正十二年（1923）还在运作。山阴地区盛产优质铁砂，所以自古就是制铁业盛行之地。开采铁砂的方法是开山引流，铁砂沉积于水底后便可取得，这种方法叫"铁穴流"。

烟草仓

---

1. たたら，日本传统鼓风炉（炼铁炉），读音为tatara，汉字可写成"踏鞴""鑪"。炼铁作坊建筑整体叫作"高殿"。
2. 1坪=3.306平方米。

鼓风炉高殿

重要传统建筑群
保护区与
全国街区保护联盟

关于建筑物保存的制度，有县市町村单位的制度，而从国家制度层面来讲，一直以来都是列入国宝或者重要文物。但是，这种制度是以保存建筑物单体为目的，并不适用于街区这样的群体。因此，在昭和五十年（1975），对《文化财保护法》进行了修订，新设置了重要传统建筑群保护区的制度。

这一制度中，在文物的定义中，增加了"与周围环境融为一体，形成历史风貌的传统建筑群，且价值较高的"，"为保存传统建筑群以及与之一体的塑造其价值的环境"，规定了保护区。

从前评选文物时，虽说会取得所有者的认可，但法律上可以由国家单方面指定。而重要传统建筑群保护区制度，是市町村制定保护制度，从其希望保存的对象中，选出文物审议会议认为是"重要"的那些。这样一来，用词就从指定变成了选定。这一转换的意义在于，那些很多人居住、生活的场所，不能靠政府单方面强加，而是必须取得居民的充分理解，否则是不能保护起来的。这也导致了另一个问题，选定地区数量的增长不是很理想。

全国街区保护联盟，最初是在昭和四十九年（1974）诞生的街区保护联盟，是作为妻笼·有松·今井三个区域的住民组织启动的。原计划是加盟团体到达10个以后便冠以"全国"的头衔，但实际的发

重要传统建筑群保护区一览 （1998年1月）

序号*	县名	地区名称	类别	选定年月日
イ	北海道	函馆市元町末广町	港町	1989.4.21
ロ	青森	弘前市仲町	武家町	1978.5.31
ハ	秋田	角馆町角馆	武家町	1976.9.4 1989.12.14
二	福岛	下乡町大内宿	宿场町	1981.4.18
ホ	千叶	佐原市佐原	商家町	1996.12.10
ヘ	新潟	小木町宿根木	港町	1991.4.30
ト	富山	平村相仓	山村聚落	1994.12.21
チ	富山	上平村菅沼	山村聚落	1994.12.21
リ	福井	上中町熊川宿	宿场町	1996.7.9
ヌ	山梨	早川町赤泽	山村·讲中宿	1993.7.14
ル	长野	东部町海野宿	宿场·养蚕町	1987.4.28
オ	长野	南木曾町妻笼宿	宿场町	1976.9.4
ワ	长野	楢川村奈良井	宿场町	1978.5.31
カ	岐阜	高山市三町	商家町	1979.2.3 1997.5.19
ヨ	岐阜	白川村荻町	山村聚落	1976.9.4
タ	三重	关町关宿	宿场町	1984.12.10
レ	滋贺	大津市坂本	里坊群·门前町	1997.10.31
ソ	滋贺	近江八幡市八幡	商家町	1991.4.30
ツ	京都	京都市上贺茂	社家町	1988.12.16
ネ	京都	京都市产宁坂	门前町	1976.9.4 1996.7.9
ナ	京都	京都市祇园新桥	茶屋町	1976.9.4
ラ	京都	京都市嵯峨鸟居本	门前町	1979.5.21
ム	京都	美山町北	山村聚落	1993.12.8
ウ	大阪	富田林市富田林	寺内町·在乡町	1997.10.31
ノ	兵库	神户市北野町山本通	港町	1980.4.10
オ	奈良	橿原市今井町	寺内町·在乡町	1993.12.8
ク	岛根	大田市大森银山	矿山町	1987.12.5
ヤ	冈山	仓敷市仓敷川畔	商家町	1979.5.21
マ	冈山	成羽町吹屋	矿山町	1977.5.18
ケ	广岛	竹原市竹原地区	制盐町	1982.12.16
フ	广岛	丰町御手洗	港町	1994.7.4
コ	山口	萩市堀内地区	武家町	1976.9.4
エ	山口	萩市平安古地区	武家町	1976.9.4 1993.3.18
テ	山口	柳井市古市金屋	商家町	1984.12.10
ア	德岛	胁町南町	商家町	1988.12.16
サ	香川	丸龟市盐饱本岛町笠岛	港町	1983.4.13
キ	爱媛	内子町八日市护国	制蜡町	1982.4.17
ユ	高知	室户市吉良川町	在乡町	1997.10.31
メ	福冈	吉井町筑后吉井	在乡町	1996.12.10
ミ	佐贺	有田町有田内山	制瓷町	1991.4.30
シ	长崎	长崎市东山手	港町	1991.4.30
ヒ	长崎	长崎市南山手	港町	1991.4.30
モ	宫崎	日南市饫肥	武家町	1977.5.18
セ	宫崎	日向市美美津	港町	1986.12.8
ス	鹿儿岛	出水市出水麓	武家町	1995.12.26
い	鹿儿岛	知览町知览	武家町	1981.11.30
ろ	冲绳	竹富町竹富岛	海岛农村聚落	1987.4.28
合计	47处			

* 序号保留日语假名形式，以便与地图对应。图中ヨ、ソ、3、6、8、13、40、58、67相关区域原图缺损，为本书修补，或有偏差。

展速度着实太慢了。于是，我们组织召开了全国街区研讨会，这是昭和五十三年（1978）的事儿了。至此，街区保护联盟的参加团体不过6个，不过，在昭和五十年（1975）的时候，我们就已经早早给它加上了"全国"的名头。

全国街区研讨会在我们的忐忑中召开，这个"让参加者倒贴的土味儿"研讨会引起了巨大反响，获取了圆满成功，加盟团体也由此增加到了10个。因为各地自发的住民组织运动，在各自碰壁后需要寻求合作。第一次研讨会之后，每年的研讨会在希望主办的加盟团体所在地举行，这一研讨会也成了全国街区保护联盟的固定节庆。加盟团体数量快速增长，如今名副其实地覆盖全国了。

全国街区保护联盟团体会员

1. （财团法人）妻笼热爱会
2. 今井町街区保存会
3. 有松街区营造会
4. 富田林寺内町守护会
5. 奈良井宿保存会
6. 足助街区营造会
7. 金比罗门前町守护会
8. 复兴近江八幡
9. 八日市护国町街区保存会
10. 川越市文物保护协会
11. 佐渡过小木民俗博物馆
12. 伊势崎历史文化培育会
13. 大平宿保存会
14. 村上武家屋敷保存会
15. 会津北方风土会
16. 会津复古会
17. 港町神户热爱会
18. 小樽再生论坛
19. 函馆历史风土守护会
20. 长崎·中岛川守护会
21. 美丽角馆守护会
22. 关町街区保存会
23. 上野森林会
24. 臼杵设计会议
25. 镰仓街区营造市民恳谈会
26. 爱之会·松坂
27. 美山町茅葺之乡保存会
28. 大阪都市环境会议
29. 吹屋街区保存会
30. 臼杵历史景观守护会
31. 竹富岛守护会
32. 本岛町笠岛街区保存协力会
33. 城崎温泉街区会
34. 宇和町中町思考会
35. 伏见街区通信社
36. 杵筑巾爱乡会
37. 高砂街区保存会
38. （财团法人）伊势文化会议所
39. 东山观光散步道路守护会
40. 犬山街区思考会
41. 川越藏之会
42. 龙野霞城文化自然保胜会
43. 吉井白壁保存与活化思考会
44. 胁町南町街区保存会
45. 安中自然和文化学习会
46. 街道和街区营造大分县民思考会
47. 赤泽宿思考会
48. 别墅松籁庄和茅之崎思考会
49. 津川蜻蜓街区自然和文化守护会
50. 美美津历史街区守护会
51. 大内宿保存会
52. （社团法人）奈良街区营造中心
53. 熊川宿街道保存委员会
54. 古町街道爱护会
55. 栃木藏街暖帘会
56. 宿场木屋濑街区营造会
57. 下诹访街区会
58. 岩村城下町保存会
59. 信州须坂街区会
60. 白川乡萩町自然环境守护会
61. 宿场町枚方思考会
62. 坂越街区创造会
63. 博劳町街区保护会
64. 故乡的历史与景观守护会
65. 油津堀川思考会
66. 结城市藏造街区保存协会
67. 美浓街区热爱会
68. 共乐馆思考会
69. 喜多方暖帘会
70. 鞆之浦 海之子
（1997年12月）

全国街区研讨会举行地

1. 1978年　有松·足助
2. 1979年　近江八幡
3. 1980年　小樽·函馆
4. 1981年　琴平
5. 1982年　东京
6. 1983年　臼杵
7. 1984年　大平
8. 1985年　龙野
9. 1986年　会津
10. 1987年　松坂
11. 1988年　竹富岛
12. 1989年　栃木
13. 1990年　京都
14. 1991年　角馆
15. 1992年　吉井
16. 1993年　川越
17. 1994年　须坂
18. 1995年　妻笼
19. 1996年　犬山
20. 1997年　村上
21. 1998年　东京

△ 重要传统建筑群保护区

● 全国街区保护联盟加盟团体

▲ 重要传统建筑群保护区
　全国街区保护联盟加盟团体

| 参考文献 |

太田博太郎, 他. 日本の町並み（全12巻）. 東京：第一法規出版, 1982.

関野克. 日本の民家（全8巻）. 東京：学習研究社, 1981.

児玉幸多, 他. 江戸時代図譜（全8巻）. 東京：筑摩書房, 1975－1978.

川島宙次. 滅びゆく民家（全3巻）. 東京：主婦と生活社, 1973－1976.

郷土資料辞典（全47巻）. 東京：人文社, 1963－1980.

文学の旅. 大阪：千趣会. 1972.

矢守一彦. 城下町のかたち. 東京：筑摩書房, 1988.

西川幸治, 他. 歴史の町並み（全5巻）. 東京：日本放送出版協会, 1979－1987.

溝口歌子, 小林昌人. 民家巡礼　東日本編. 東京：相模書房, 1978.

溝口歌子, 小林昌人. 民家巡礼　西日本編. 東京：相模書房, 1979.

藤井正大. 歴史の町並みを歩く. 東京：実業の日本社, 1977.

加藤庸二. ふるさとの家並町並. 東京：桐原書店, 1987.

岡田喜秋. 町並み. 東京：みずうみ書房, 1976.

丹地敏明, 大河直躬. 日本の民家. 東京：山と渓谷社, 1979.

杉本尚次. 日本民家の旅. 東京：日本放送出版協会, 1983.

馬場直樹, 原田伴彦. 日本の町並み（全2巻）. 東京：毎日新聞社, 1975.

松下功. せとうちの町並み. [S. l.]：和広堂, 1980.

各自治体. 町並み調査報告書：角館1976, 杵築1978, 伊根1975.

吉田桂二. 家づくり誌　家の図鑑. 東京：第一勧銀ハウジングセンター, 1983.

吉田桂二. なつかしい町並みの旅. 東京：新潮文庫, 1987.

吉田桂二. 町並み・家並み辞典. 東京：東京堂出版, 1986.

吉田桂二. 民家ウォッチング辞典. 東京：東京堂出版, 1987.

日语原版民居平面图

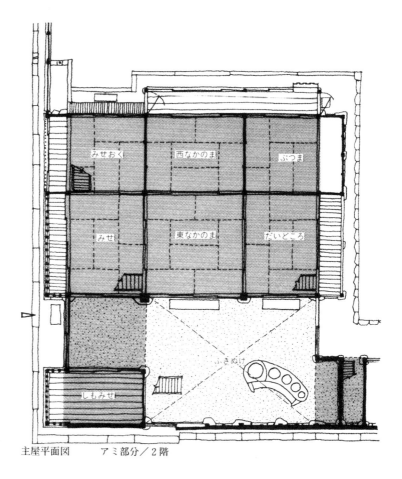

主屋平面図　アミ部分／2階

p006丰田家主屋平面图　阴影部分：二楼

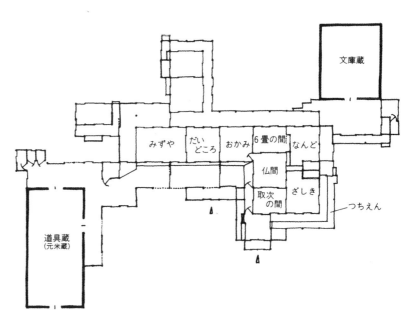

p016青柳家平面图

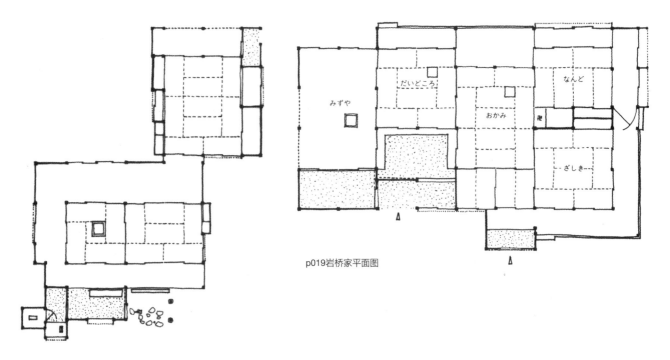

p019岩桥家平面图

p019松本家平面图

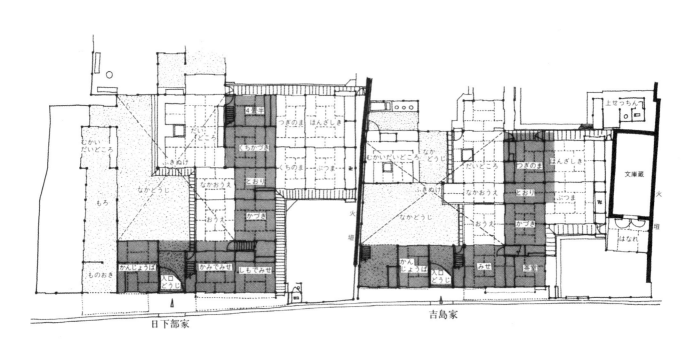

日下部家

吉島家

p036日下部家和吉岛家平面图　阴影部分：二楼

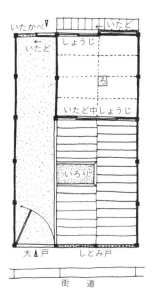

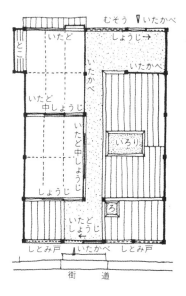

p046上嵯峨屋平面図   p046下嵯峨屋平面図

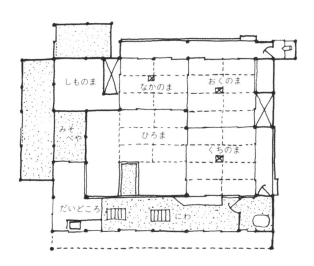

p051大平宿民居平面図

大内宿案内図   大内宿集落図

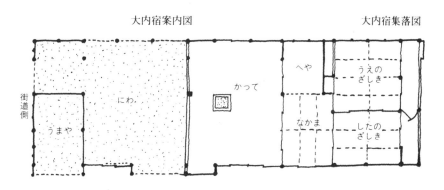

p051大内宿民居复原平面図

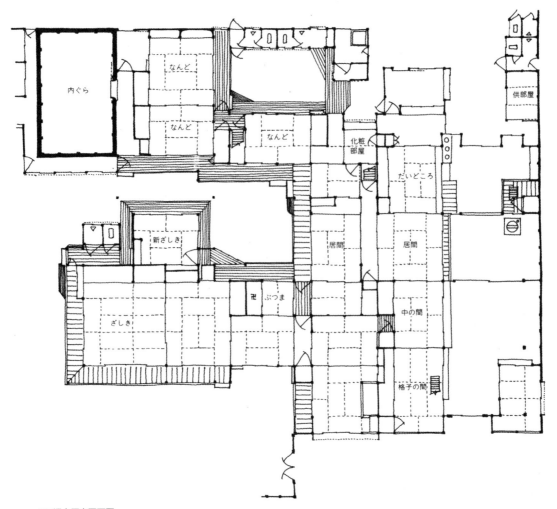

p067旧大原家平面图

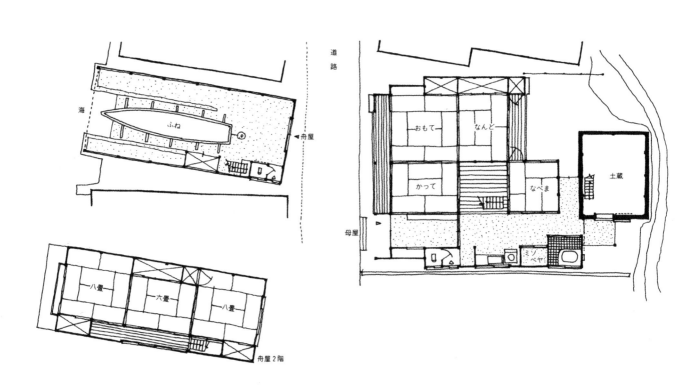

p087舟屋与母屋平面图